Die
Grundlagen der Dampfmessung
nach dem Differenzdruckprinzip

Von

Obering. W. E. GERMER

Mit 29 Textabbildungen
und 1 Tafel

Druck und Verlag von R. Oldenbourg
München und Berlin 1927

Vorwort.

Die vorliegende Arbeit enthält die Berechnungsgrundlagen für Dampfmessungen nach dem Differenzdruckprinzip, jedoch nur für Staugeräte ohne Kontraktion oder Strahleinschnürung, wie Meßflansch mit abgerundetem Einlauf, Meßdüse und Venturirohr. Es wird in dieser Hinsicht auf die eindeutige Einführung des Durchflußkoeffizienten μ für Staugeräte ohne Kontraktion hingewiesen, in der Hoffnung, daß sich in der Technik diese Bedeutung des Koeffizienten bei Staugeräten ohne Kontraktion bald allgemein einführen wird. Die theoretischen Grundlagen für Staugeräte mit Kontraktion sind nicht mit aufgeführt worden. Es wird hier vielmehr auf die bereits vorliegenden Veröffentlichungen und Forschungsarbeiten verwiesen.

Die Ableitungen für die Vereinfachung des thermodynamischen Faktors der Strömung, sowie die genauen Grundlagen für die Übertragung der Eichwerte der Wassermessung von Staugeräten auf die Dampfmessung sind erstmalig aufgestellt worden. Wichtig erscheint, die hierbei theoretisch gefundene und dann auch praktisch bestätigte Beziehung, daß Staugeräte bei Dampfmessungen schon bei viel kleinerem Differenzdruck einen konstanten Durchflußkoeffizienten besitzen als bei der Wassermessung. Aus diesem Grunde ist bei Dampfmessungen die untere Genauigkeitsgrenze der Meßvorrichtung hauptsächlich durch die Empfindlichkeit und Genauigkeit der Anzeige des an das Staugerät angeschlossenen Apparats bei kleinen Ausschlägen bedingt.

In Anlehnung an die internationale Bezeichnung wurden folgende Abkürzungen verwendet: m^3 = Kubikmeter (cbm); h = Stunde, s = Sekunde.

Berlin, den 3. März 1927.

W. E. Germer.

Inhaltsverzeichnis.

Einleitung.

Die genaue und zuverlässige Messung von Dampfmengen wird vielfach noch als schwierig betrachtet, obwohl heute die technischen Grundlagen vollkommen geklärt sind und eine in jeder Hinsicht einwandfreie Messung mit gut durchkonstruierten Betriebsinstrumenten unbedingt erreicht werden kann. Die moderne Meßtechnik hat in den letzten Jahren vorzügliche Grundlagen geschaffen, und die Kenntnis über das Verhalten des Dampfes ist inzwischen so bereichert worden, daß man Betriebsmessungen von Dampf heute fast mit der gleichen Meßgenauigkeit und derselben Zuverlässigkeit ausführen kann, wie die von Wasser. Besonders geholfen haben hier die Arbeiten von Knoblauch, Prandtl und Speyerer, weil hierdurch die spezifischen Dampfvolumen, die Gültigkeit des Ähnlichkeitsgesetzes für tropfbare und gasförmige Flüssigkeiten und die Zähigkeit des Dampfes bekannt geworden sind.

Auch die praktischen Erfahrungen auf diesem wichtigen Meßgebiet haben sehr zugenommen. Man kann heute auch an solche Dampfmessungen herantreten, wo höchste Meßgenauigkeit verlangt wird. Die Kenntnis der verschiedenen Staugeräte und die Anforderungen, die man an die Anzeige- und Registrierinstrumente stellen kann, sind den im Betriebe tätigen Ingenieuren zum Teil noch wenig geläufig. Im nachstehenden sind daher die theoretischen Grundlagen für die Dampfmessung nach dem Differenzdruckprinzip zusammengestellt und zugleich Richtlinien angegeben worden, die bei einer vorzunehmenden Dampfmessung oder beim Kauf der Meßinstrumente zu beachten sind.

1. Das spezifische Gewicht des Dampfes.

Das Verhalten des Dampfes bei den verschiedenen Zuständen in bezug auf Druck und Temperatur entspricht bekanntlich nicht der allgemeinen Gasgleichung der idealen Gase:

$$p \cdot V = G \cdot R \cdot T.$$

Für die Ermittlung des spezifischen Volumens des Dampfes sind vielmehr genaue Dampftafeln erforderlich, aus denen die entsprechenden Werte für den in Frage kommenden absoluten Druck und die vorhandene Temperatur entnommen werden müssen. Da dies etwas unbequem ist, und solche Dampftafeln nicht immer zur Verfügung stehen, sind in der beigefügten Tafel I[1]) die spezifischen Gewichte des Dampfes für Drücke von 1 bis 63 Atmosphären absolut (ata) und für verschiedene Dampftemperaturen von Sattdampf bis 440⁰ C in Form von Kurven zusammengestellt worden. Die Kurven sind errechnet nach den neuesten Dampftabellen von Knoblauch, Raisch und Hausen der Technischen Hochschule München, Ausgabe 1923. Die Benutzung der Tafel ist ohne weiteres verständlich.

2. Die Beziehungen zwischen Dampfmenge, Dampfgeschwindigkeit und dem Durchmesser der Rohrleitung.

Bei der Berechnung von Dampfleitungen kennt man entweder die Dampfmenge, den Dampfdruck und die Dampftemperatur und sucht die zugehörige Rohrleitung für eine bestimmte Dampfgeschwindigkeit, oder man kennt die Rohrleitung und sucht die Dampfgeschwindigkeit. Die rechnerische Ermittlung verursacht häufig ein unbequemes Nachschlagen, und es ist zweckmäßig, die zugehörigen Größen direkt einem Diagramm zu entnehmen. Aus diesem Grunde sind die Beziehungen zwischen Dampfmenge und Geschwindigkeit für verschiedene Drücke

---

[1]) Tafel I ist im Anhang eingeheftet.

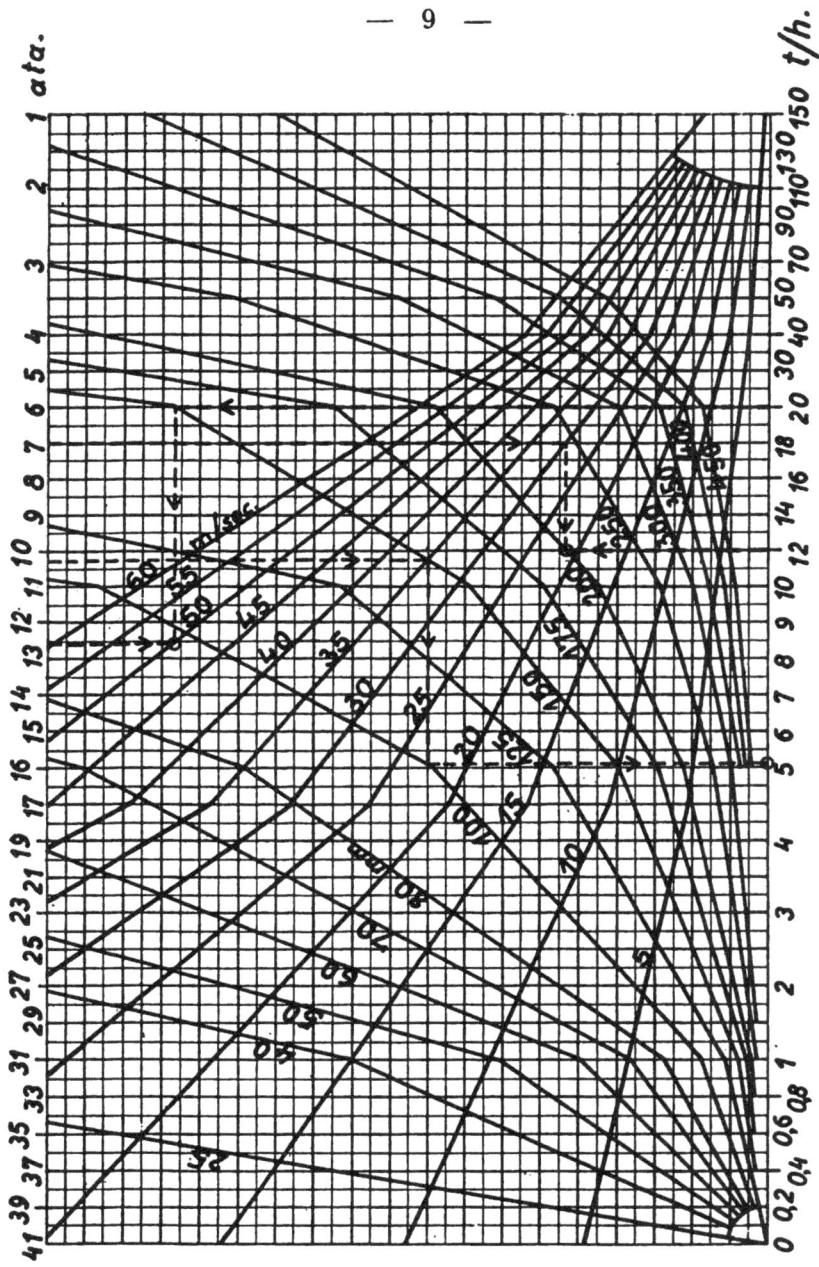

Abb. 1. Diagramm zur Ermittlung der Dampfgeschwindigkeit in der Rohrleitung.
(Die Dampfmengen beziehen sich auf Sattdampf.)

und verschiedene Rohrleitungen in der Abb. 1 zu einem Diagramm zusammengestellt worden. Die von rechts ausgehende Kurvenschar stellt die Dampfgeschwindigkeiten und die von links ausgehende Kurvenschar die verschiedenen lichten Weiten der Rohrleitung dar. Als Abszissen sind unten die Dampfmengen in t/h, d. h. die Dampfgewichte, und oben die Dampfdrücke in ata, und zwar für Sattdampf aufgetragen. Wenn es sich um überhitzten Dampf handelt, ist aus der Tafel I der Druck des zugehörigen Sattdampfes von gleichem spezifischem Gewicht zu ermitteln und einzusetzen. Einige Beispiele zeigen die Benutzung des Diagramms am einfachsten.

1. Beispiel.

Gegeben sei die Rohrleitung von 150 mm l. W., die Dampfmenge mit 20000 kg/h = 20 t/h, der Dampfdruck 16 atü und die Dampftemperatur 320° C.

Gesucht die Dampfgeschwindigkeit.

Im allgemeinen kann mit genügender Genauigkeit gesetzt werden:

Dampfdruck in ata = Dampfdruck in atü + 1.

Aus Tafel I ergibt sich, daß Heißdampf von 17 ata und 320° C dasselbe spezifische Gewicht hat wie Sattdampf von 12,6 ata. Man fahre nun auf Abb. 1 auf der Senkrechten von 20 t Dampfmenge aufwärts bis zum Schnittpunkt mit der Kurve 150 mm Rohrleitung. Dieser Schnittpunkt wird horizontal herüber verlegt auf die Ordinate von 12,6 ata und es ist dann die durch diesen Punkt gehende Geschwindigkeitslinie festzustellen. Für das vorstehende Beispiel ergibt sich eine Dampfgeschwindigkeit von 50 m/s.

2. Beispiel.

Gegeben die Dampfmenge 12 t/h, der Druck 9 ata, die Dampftemperatur 270° C, die Dampfgeschwindigkeit 30 m/s.

Gesucht der Durchmesser der Rohrleitung.

Nach Diagramm Tafel I hat Heißdampf von 9 ata und 270° C dasselbe spezifische Gewicht wie Sattdampf von 7 ata. Der Schnittpunkt von 30 m/s mit der Senkrechten von 7 ata in Abb. 1 wird horizontal herüber verlegt auf die Senkrechte von 12 t/h. Dieser Punkt entspricht einer Rohrleitung von 200 mm l. W.

3. Beispiel.

Gegeben die Rohrleitung 100 mm l. W., der Druck von 11 ata, die Temperatur 200° C und die Geschwindigkeit 35 m/s.

Gesucht die Dampfmenge in kg/h.

Nach Tafel I hat Heißdampf von 11 ata und 200° C dasselbe spezifische Gewicht wie Sattdampf von 10,3 ata. Der Schnittpunkt der Senkrechten von 10,3 ata mit der Geschwindigkeitskurve 35 m/s in Tafel I wird horizontal auf die Kurve der 100-mm-Rohrleitung übertragen. Dieser Punkt entspricht einer Senkrechten mit der dazu gehörigen Dampfmenge von 5,1 t = 5100 kg/h.

3. Die Berechnung der Dampfmenge.

Grundsätzliche Hinweise über Staugeräte und Berechnungsgrundlagen.

Die nach dem Differenzdruckprinzip arbeitenden Meßvorrichtungen bestehen stets aus zwei Teilen, und zwar aus dem Staugerät zur Hervorbringung des Differenzdruckes, welcher nach dem später entwickelten Gesetz einen Maßstab für die Durchflußmenge bildet, und aus den an das Staugerät angeschlossenen Instrumenten zur Anzeige, Registrierung oder Summierung der Durchflußmenge.

Als Staugeräte kommen zur Anwendung:

1. Das Venturirohr nach Abb. 2,
2. die Meßdüse nach Abb. 3,
3. der Meßflansch mit gerundeten Einlauf nach Abb. 4.

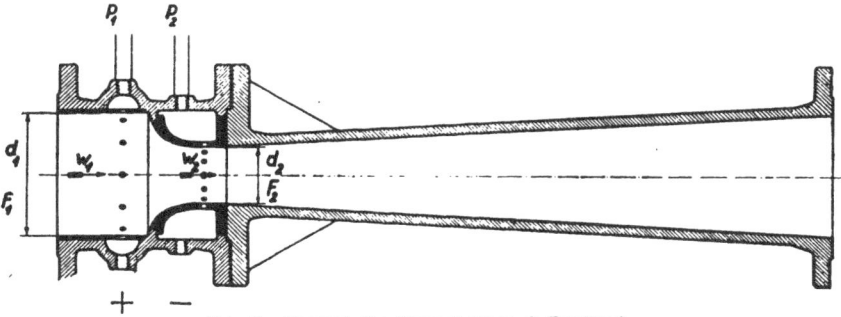

Abb. 2. Venturirohr (Bauart Bopp & Reuther).

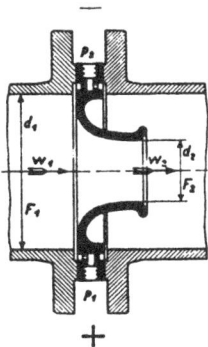

Abb. 3. Meßdüse
(Normaldüse VDI).

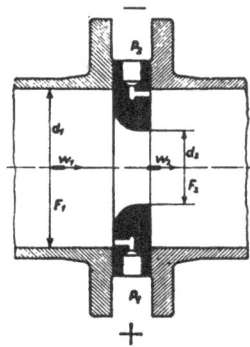

Abb. 4. Meßflansch
mit gerundetem Einlauf.

Bezeichnet man mit:

$F_1 =$ den Querschnitt der Rohrleitung bzw. des Staugerätes an der Meßstelle 1 in cm²,

$F_2 =$ den Querschnitt des Staugerätes an der engsten Stelle, d. h. Meßstelle 2 in cm²,

$G =$ die Dampfmenge in kg/h,

$p_1 =$ den Dampfdruck in der Rohrleitung bzw. im Staugerät an der Meßstelle 1 (+) in Atmosphären absolut (ata),

$p_2 =$ den Dampfdruck im Staugerät an der engsten Stelle, Meßstelle 2, (—) in ata,

$\gamma_1 =$ das spezifische Gewicht des Dampfes in der Rohrleitung an der Meßstelle 1 in kg/m³,

$\mu =$ der Durchflußkoeffizient des Staugerätes,

$\varepsilon =$ der Faktor der Einlaufgeschwindigkeit,

$\eta =$ der Faktor für den Differenzdruck und den thermodynamischen Einfluß[1]),

$g =$ die Beschleunigung der Schwere = 9,81 m/s²,

dann ergibt sich nach „Germer: Die Venturimessung für Flüssigkeiten und Gase" die Dampfmenge G in kg/h aus der Formel

$$G \text{ kg/h} = \frac{3600}{100} \cdot \mu \cdot \varepsilon \cdot F_2 \cdot \eta \cdot \sqrt{2\,g \cdot p_1 \cdot \gamma_1}$$

In dieser allgemeinen Formel für die Dampfmenge G in kg/h sind die Werte F_2, g, p_1 und γ_1 eindeutig bestimmt. Die Bedeutung der Faktoren μ, ε und η wird in den nachstehenden Abschnitten noch näher angegeben.

Die Bedeutung des Faktor η in der Gleichung für die Dampfmenge.

Dieser Faktor enthält in erster Linie den Einfluß des Differenzdruckes p_1-p_2 und bei Dampfmessungen oder Luftmessungen auch den Einfluß der thermodynamischen Zustandsänderung während der Strömung. Bei der Messung nicht zusammendrückbarer Medien, wie Wasser,

---

[1]) Der Buchstabe η wird in dieser Drucksache im Abschnitt 5, S. 38, ein zweites Mal verwendet, und zwar für die Zähigkeitszahl η in $\frac{\text{kg} \cdot \text{s}}{\text{m}^2}$. Da aber in der folgenden Abhandlung der Faktor η in der obigen Bedeutung in der entwickelten Hauptformel nicht mehr erscheint, so dürften Verwechslungen ausgeschlossen sein.

fällt der thermodynamische Einfluß fort und der Wert η gibt nur den Einfluß des Differenzdruckes $p_1 - p_2$ an und berechnet sich aus:

$$\eta = \sqrt{\frac{p_1 - p_2}{p_1}} = \sqrt{1 - \frac{p_2}{p_1}}$$

oder, wenn man den Differenzdruck $p_1 - p_2 = D$ in at setzt:

$$\eta = \sqrt{\frac{D}{p_1}}\,.$$

Bei der Messung von Dampf oder Preßluft muß der thermodynamische Einfluß im allgemeinen berücksichtigt werden. Der Verlauf der Strömung erfolgt hier meist nach der Adiabate oder Polytrope, seltener nach der Isotherme. Im ersten Fall ist die Temperatur in den beiden Meßquerschnitten F_1 und F_2 verschieden und der Wärmeinhalt des Gasstromes konstant. Bei der Isotherme ist die Temperatur in beiden Meßquerschnitten gleich, was nur möglich ist, wenn laufend Wärme von außen dem Gasstrom an der engsten Stelle zugeführt wird. Der wirkliche Verlauf wird ein mittlerer Zustand zwischen diesen beiden Grenzfällen sein. Der Faktor η für zusammendrückbare Medien errechnet sich nach der Adiabate und Polytrope (wenn man $k = m$ setzt) zu:

$$\eta = \sqrt{\frac{k}{k-1}} \cdot \left(\frac{p_2}{p_1}\right)^{\frac{1}{k}} \cdot \sqrt{1 - \left(\frac{p_2}{p_1}\right)^{\frac{k-1}{k}}}$$

und bei der Isotherme zu:

$$\eta = \frac{p_2}{p_1} \cdot \sqrt{\ln \frac{p_1}{p_2}}$$

Auf die bekannte Ableitung dieser thermodynamischen Faktoren ist hier verzichtet worden, weil sie in den verschiedensten Büchern über Thermodynamik und Aufsätzen in Fachzeitschriften enthalten ist.

Hierin bedeutet k das Verhältnis der spezifischen Wärmen des Dampfes oder des Gases, und zwar ist:

$k = 1,00$ bei isothermischer Strömung,

$k = 1,135$ für gesättigten Dampf,

$k = 1,30$ für überhitzten Dampf,

$k = 1,40$ für vollkommene Gase, wie Luft, Stickstoff usw.

Diese η-Werte sind in der nachstehenden Tabelle für verschiedene Druckverhältnisse $p_2 : p_1 = 0{,}80 - 1{,}0$ nach obigen Formeln ausgerechnet worden.

Tabelle der η-Werte für thermodynamische
Strömungen für $\dfrac{p_2}{p_1} = 1{,}0$ bis $0{,}80$.

$\dfrac{p_2}{p_1}$	Flüssigkeiten	Adiabate $k = 1{,}40$	Adiabate $k = 1{,}30$	Isotherme $k = 1{,}0$
1,00	0,000 0000	0,000 0000	0,000 0000	0,000 0000
0,99	0,100 0000	0,099 4680	0,099 4298	0,099 2490
0,98	0,141 4214	0,139 8959	0,139 7858	0,139 2933
0,96	0,200 0000	0,195 6702	0,195 3360	0,193 9630
0,94	0,244 9490	0,236 9363	0,236 3370	0,233 8250
0,92	0,282 8430	0,270 4517	0,269 5217	0,265 6580
0,90	0,316 2280	0,298 8102	0,297 5147	0,292 1335
0,88	0,346 4100	0,323 3712	0,321 6788	0,314 6334
0,86	0,374 1660	0,344 9730	0,342 8315	0,333 9890
0,84	0,400 0000	0,364 1177	0,371 5066	0,350 7473
0,82	0,424 2600	0,381 1843	0,378 0742	0,365 2920
0,80	0,447 2140	0,395 5347	0,392 7980	0,377 9045

Im nachstehenden Diagramm, Abb. 5, sind diese η-Werte auch graphisch dargestellt worden.

Als Abszissen sind die Druckverhältnisse $\dfrac{p_2}{p_1}$ aufgetragen. Als Ordinaten sind die η-Werte der vorstehenden Tabelle aufgetragen worden, und zwar für $\dfrac{p_2}{p_1} = 1$ bis $\dfrac{p_2}{p_1} = 0{,}80$. Da in den späteren Ableitungen an Stelle des Druckverhältnisses $\dfrac{p_2}{p_1}$ das Verhältnis des Differenzdruckes $D = p_2 - p_1$ zum Betriebsdruck p_1 gesetzt ist, sind in der nachstehenden Tabelle die zusammengehörigen Werte von $\dfrac{p_2}{p_1}$ und $\dfrac{D}{p_1}$ dargestellt.

$\dfrac{p_2}{p_1} =$ 1,00	0,98	0,96	0,94	0,92	0,90	0,88	0,86	0,84	0,82	0,80
$\dfrac{D}{p_1} =$ 0,00	0,02	0,04	0,06	0,08	0,10	0,12	0,14	0,16	0,18	0,20

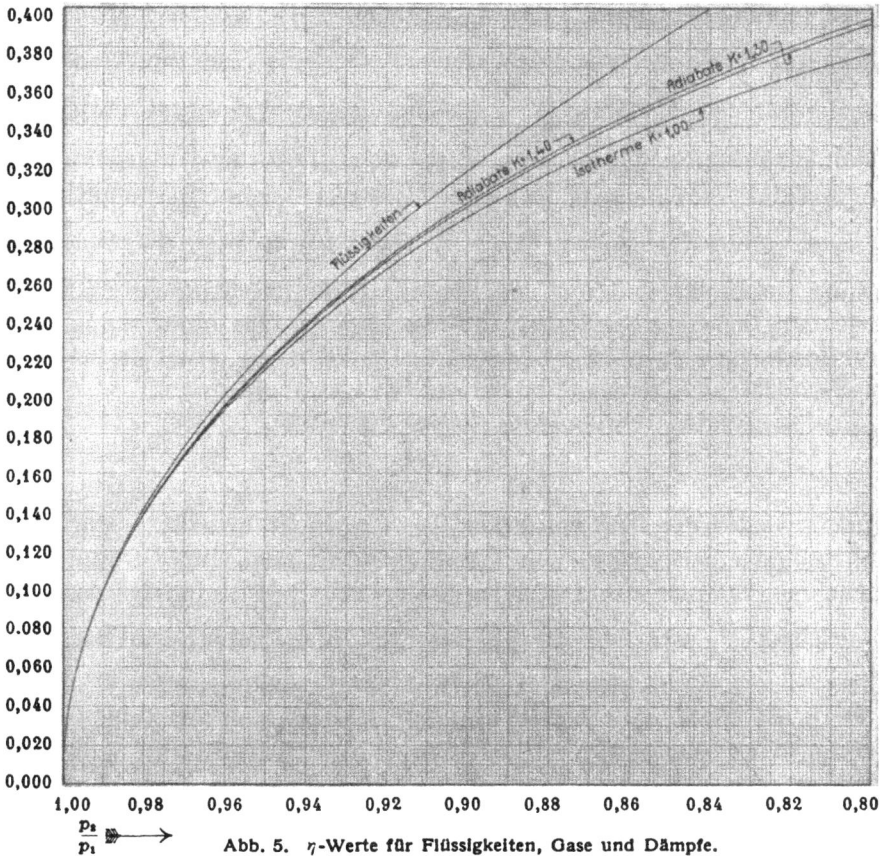

Abb. 5. η-Werte für Flüssigkeiten, Gase und Dämpfe.

Der thermodynamische Faktor ψ.

Die rechnerische Ermittlung dieser η-Werte bereitet erhebliche Schwierigkeiten. Auch für die weitere rechnerische Behandlung der Strömung bei Druck- und Temperaturänderungen ist es von großem Vorteil, wenn es gelingt, die obigen Exponentialfunktionen von η für die hier in Frage kommenden Fälle in einfacherer Weise darzustellen. Aus dem Verlauf der obigen Kurven ersieht man ohne weiteres, daß die Abweichungen der Adiabate, Polytrope (die η-Kurve mit $k = 1,30$ läßt sich als Polytrope auffassen) und Isotherme von der entsprechenden einfachen Quadratwurzelkurve für Flüssigkeiten eine gesetzmäßige Stetigkeit aufweisen. Die Abweichungen werden größer mit wachsendem

$\dfrac{D}{p_1}$ und mit fallendem Wert des Exponenten k. Betrachtet man daher den Faktor η für zusammendrückbare Medien als eine Funktion des η-Wertes für Flüssigkeiten $\sqrt{\dfrac{D}{p_1}}$ und bezeichnet man diese vorläufig noch unbekannte Funktion mit ψ, so läßt sich der Faktor η in der Formel für die Durchflußmenge G in zwei Teilfaktoren zerlegen, nämlich in den rein quadratischen Faktor $\sqrt{\dfrac{D}{p_1}}$, der dem η-Wert der Wassermessung entspricht und nur den Einfluß des Differenzdrucks enthält, und in den thermodynamischen Einfluß, der nur der Veränderung der Durchflußmenge durch die Änderung des spezifischen Gewichts bei der Dampf- oder Luftströmung durch das Staugerät entspricht.

Es ist also bei thermodynamischer Strömung:

$$\eta = \psi \cdot \sqrt{\dfrac{D}{p_1}},$$

worin D wieder den Differenzdruck $p_1 - p_2$ in at bedeutet. Für die Ermittlung dieser unbekannten Funktion ψ ist nach obiger Definition zu beachten, daß die η-Werte für thermodynamische Zustandsänderungen bei gleichem $\dfrac{D}{p_1}$ stets kleiner sind als für Flüssigkeiten. Der Wert ψ ist also eine Zahl, die kleiner als 1 ist. Der thermodynamische Einfluß ist durch die Größe der Abweichung des Wertes ψ von der Zahl 1 dargestellt. Wenn $\psi = 1$ ist, ist der thermodynamische Einfluß 0. Setzt man diese Abweichung von der Zahl 1 gleich δ so ist:

$$\psi = 1 - \delta$$

und

$$\delta = 1 - \psi.$$

Da nun, wie vorher bereits angegeben, der Wert δ proportional mit dem Wert D wächst und umgekehrt mit dem Exponenten k, so kann man, wenn man vorläufig eine lineare Abhängigkeit annimmt, schreiben

$$\delta = \dfrac{a}{k} \cdot \dfrac{D}{p_1} \quad \ldots \ldots \ldots \ldots \ldots 1)$$

Hierin bedeutet a eine unbekannte Funktion oder einen Wert, der noch näher zu ermitteln ist. Dieser Wert a läßt sich nun aus den genau errechneten Werten der Adiabate, Isotherme und Polytrope für verschiedene Druckverhältnisse genau berechnen. Es ist nämlich:

$$\eta = \psi \cdot \sqrt{\dfrac{D}{p_1}}$$

Hieraus folgt:

$$\psi = \frac{\eta}{\sqrt{\dfrac{D}{p_1}}}$$

Es ist aber auch:

$$\psi = 1 - \delta$$
$$= 1 - \frac{a}{k} \cdot \frac{D}{p_1}$$

Folglich ist:

$$\frac{\eta}{\dfrac{D}{p_1}} = 1 - \frac{a}{k} \cdot \frac{D}{p_1}$$

Hieraus ergibt sich der Wert a zu:

$$a = \frac{1 - \dfrac{\eta}{\sqrt{\dfrac{D}{p_1}}}}{\dfrac{D}{p_1}} \cdot k.$$

Berechnet man nach dieser Formel für a die Größe dieses Wertes für verschiedene Druckverhältnisse von $\dfrac{D}{p_1} = 0{,}01$ bis $0{,}20$ und setzt für η den genauen zugehörigen Wert der Adiabate und Isotherme mit $k = 1{,}40$, $1{,}30$ und $1{,}00$ aus der nachstehenden Tabelle ein, so erhält man folgende Übersicht:

Tabelle der a-Werte.

$\dfrac{D}{p_1}$	$k = 1{,}00$	$k = 1{,}30$	$k = 1{,}40$
0,01	0,7510	0,7410	0,7448
0,02	0,7525	0,7514	0,7553
0,04	0,7547	0,7579	0,7578
0,06	0,7568	0,7618	0,7632
0,08	0,7595	0,7654	0,7667
0,10	0,7619	0,7693	0,7711
0,12	0,7646	0,7734	0,7757
0,14	0,7670	0,7776	0,7802
0,16	0,7695	0,7819	0,7850
0,18	0,7722	0,7863	0,7898
0,20	0,7749	0,7909	0,8089

Die Tabelle zeigt zunächst, daß die obige Annahme der linearen Abhängigkeit des Wertes a und k von $\frac{D}{p_1}$ in dem betrachteten Bereich zulässig ist, weil der Wert a hier für die verschiedenen Werte von k und $\frac{D}{p_1}$ ziemlich konstant bleibt. Die a-Werte zeigen ein geringes Wachsen mit $\frac{D}{p_1}$ und mit Ausnahme der kleineren Werte von $\frac{D}{p_1} =$ 0,01—0,20 auch ein geringes Wachsen mit k. Dies kann aber auch von den Ungenauigkeiten in der Berechnung des η-Wertes aus den Exponentialgleichungen herrühren, da hier 7stellige Logarithmen verwendet wurden, die bei den kleineren Werten von $\frac{D}{p_1}$ kaum genügen. Der Wert a ergibt sich aus der Differenz von zwei, annähernd gleich großen η-Werten in der 4. bis 7. Dezimale hinter dem Komma, so daß Abweichungen des a-Wertes von der zweiten Dezimale an erklärlich sind.

Der Mittelwert sämtlicher a-Werte von $\frac{D}{p_1}$ zwischen 0,01 und 0,20 und der Exponenten $k = 1,0$ bis 1,4 ist 0,768 oder abgerundet 0,77. Da die Abweichungen von diesem Mittelwert im ganzen hier betrachteten Bereich nur sehr klein sind und höchstens 3 % betragen, so kann man a als konstant mit 0,77 annehmen, weil die Dampfmenge G nicht dem Faktor a, sondern nur dem thermodynamischen Faktor $\eta = \psi \cdot \sqrt{\frac{D}{p_1}}$ proportional ist.

Es ist nun:
$$\eta = \psi \cdot \sqrt{\frac{D}{p_1}} = \left(1 - \frac{a}{k} \cdot \frac{D}{p_1}\right) \cdot \sqrt{\frac{D}{p_1}}$$

Hierin ist D für eine bestimmte Dampfmenge fest bestimmt, und nur der Faktor $\psi = 1 - \frac{a}{k} \cdot \frac{D}{p_1}$ ist von a abhängig. Der Wert $\frac{a}{k}$ ist ein echter Bruch zwischen 0,55 und 0,77 und $\frac{D}{p_1}$ ebenfalls ein echter Bruch zwischen 0 und 0,20. Das Produkt $\frac{a}{k} \cdot \frac{D}{p_1}$ ist demnach eine Größe, die zwischen 0 und 0,154 schwankt und damit der ganze ψ-Wert zwischen 1 und 0,846. Eine größte Abweichung von 3 % von 0,154 bedeutet aber nur eine Abweichung von $\left(\frac{0,154}{0,846} \cdot 3\right)$ Prozent oder 0,54 % vom zugehörigen Wert $\psi = 0,846$.

Man darf also a in der Formel für G mit dem abgerundeten Mittelwert 0,77 einsetzen und hat dann nur Meßfehler, die höchstens 0,5 %

im ungünstigsten Falle und auch nur beim größten Differenzdruck betragen. Für Druckverhältnisse von $\frac{D}{p_1}$ zwischen 0,01 und 0,20 kann man daher für alle thermodynamischen Strömungen von Dampf oder Gasen ganz allgemein schreiben:

$$\psi = 1 - \frac{a}{k} \cdot \frac{D}{p_1} = 1 - \frac{0,77}{k} \cdot \frac{D}{p_1} \quad \dots \dots \dots \; 2)$$

und für den Faktor η bei zusammendrückbaren Medien

$$\eta = \psi \cdot \sqrt{\frac{D}{p_1}} = \left(1 - \frac{0,77}{k} \cdot \frac{D}{p_1}\right) \cdot \sqrt{\frac{D}{p_1}}$$

Damit sind die komplizierten Exponentialformeln für den Faktor η auf eine einfache Gleichung 3. Grades von D zurückgeführt. Die Übereinstimmung mit der genauen Formel von η ist ziemlich gut. Für besonders wichtige Einzelmessungen kann der genauere Wert von a für das zugehörige Verhältnis $\frac{D}{p_1}$ und der zugehörigen Größe von k aus Tabelle S. 14 entnommen werden.

Der Durchflußkoeffizient μ.

Vollzieht sich die Strömung zwischen den beiden Druckabnahmestellen vollkommen verlustlos und im engsten Querschnitt ohne jede Kontraktion, so wird der Durchflußkoeffizient $\mu = 1$ und es ergibt sich die „theoretische Durchflußmenge" G_0 in kg/h für reibungsfreie Strömung aus der Formel

$$G_0 \text{ kg/h} = \frac{3600}{100} \cdot \varepsilon \cdot F_2 \cdot \eta \cdot \sqrt{2 g \cdot p_1 \cdot \gamma_1}.$$

Der Koeffizient μ errechnet sich somit aus der Beziehung:

$$\mu = \frac{G}{G_0} = \frac{\text{tatsächliche Durchflußmenge}}{\text{theoretische Durchflußmenge}} \quad \dots \dots \; 3)$$

Die Werte G und G_0 in dieser Formel errechnen sich am leichtesten aus den später entwickelten Hauptgleichungen 7) und 8).

Der wirkliche Wert μ ist nach Eichung des Staugerätes in jedem Fall aus obiger Gleichung besonders zu ermitteln. Diese Eichung erfolgt, wie später näher begründet, am einfachsten durch eine Wassermessung, bei der das hindurchströmende Wasser mit Meßgefäß oder Überfallwehr gemessen und dabei gleichzeitig die in dem obigen Faktor η enthaltene Druckdifferenz an einem U-Manometer abgelesen wird. Es ist wichtig, diese Bedeutung des Durchflußkoeffizienten μ hier genau festzulegen und darauf hinzuweisen, daß der Einfluß der Einlaufgeschwindigkeit in der Rohrleitung bei der Festlegung nach Formel 3 in dem Wert μ nicht enthalten ist. In der vorhandenen Fachliteratur wird dem Koeffizienten μ vielfach eine ganz verschiedenartige Bedeutung gegeben. Daher ist eine genaue Klarstellung unbedingt erforderlich.

Bei Staugeräten mit Kontraktion hinter der Mündung (scharfkantiger Staurand) ist es üblich, den Durchflußkoeffizienten μ mit dem Faktor ε für die Berücksichtigung der Einlaufgeschwindigkeit und dem Kontraktionskoeffizienten μ_k zu einem Beiwert k oder a zu vereinigen[1]). Dies ist auch zweckmäßig, weil die Kontraktion oder Strahleinschnürung die einzelnen Zusammenhänge zwischen μ, ε und μ_k komplizierter macht und es hier schwierig ist, jeden einzelnen Einfluß rechnerisch oder empirisch genau zu bestimmen. Die Größe dieses ganzen Beiwertes k oder a wird am besten durch Eichung bestimmt. Diese Werte gelten dann nur für die besondere Ausführungsform dieser Stauränder. Da diese Beiwerte eine große Veränderlichkeit zwischen 0,61 und 0,96 für Öffnungsverhältnisse von $d_2 : d_1 = 0{,}20$ bis 0,80 aufweisen und erheblich von der Art der Druckabnahme abhängen, so wird im nachstehenden die Berechnung hauptsächlich auf Staugeräte ohne Kontraktion beschränkt und bezüglich des Beiwertes für scharfkantige Stauränder mit Strahleinschnürung auf die Fachliteratur verwiesen, wo die Koeffizienten den auf umfangreichen Eichungen beruhenden Kurven für bestimmte Ausführungsformen von scharfkantigen Staurändern entnommen werden können.

Bei Staugeräten ohne Kontraktion oder Strahleinschnürung hinter der Mündung ist es demgegenüber möglich, in dem Durchflußkoeffizienten μ alle Reibungseinflüsse zusammen zu erfassen, die sich rechnerisch nicht ermitteln lassen und von der Ausführung und Art des Staugerätes mehr oder weniger abhängen. Der Koeffizient μ enthält dann die inneren Reibungswiderstände der Strömung bei der Geschwindigkeitserhöhung in der Meßdüse, die Einflüsse der Formgebung, Oberflächenbeschaffenheit und ungleiche Geschwindigkeitsverteilung in dem Querschnitt. Der Koeffizient μ schwankt bei den normalerweise üblichen Einschnürungsverhältnissen in diesem Fall nur noch zwischen 0,93 und 0,99 und man hat bei dieser Bedeutung von μ und der geringen

---

[1]) Siehe Gramberg, Technische Messungen. 1923, S. 167ff. Kretzschmer, Z. d. V. D. I. Nr. 29, 1926, S. 180 u. ff.

Schwankung die Fehlergröße in der genauen Ermittlung von μ erheblich herabgemindert. Man kann jetzt den Einfluß der Einlaufsgeschwindigkeit rechnerisch von vornherein genau bestimmen.

Eine wichtige Rolle spielt bei dem Koeffizienten μ die Druckabnahme an den beiden Meßquerschnitten. Bei Normaldüsen und Meßflanschen mit abgerundetem Einlauf, bei denen der Druck an der Ein-
laufseite meist an der vorderen Stirnfläche senkrecht zur Strömungs-
richtung oder aber an einem Ringkanal in der Ecke zwischen Staugerät
und Rohrleitung abgenommen wird, wird der statische Druck in der
Rohrleitung p_1 etwas erhöht, und zwar durch einen gewissen Teil der
Geschwindigkeitshöhe der Strömung in der Rohrleitung.

Dies hat den Einfluß, den Differenzdruck $p_1 — p_2$ bei einer bestimmten Durchflußmenge G etwas zu erhöhen und damit den Durchflußkoeffizienten μ zu verkleinern.

Der Durchflußkoeffizient μ in der eindeutig festgelegten Bedeutung
nach Gleichung 3) hat bei Staugeräten der Firma B o p p & R e u t h e r,
G. m. b. H., M a n n h e i m - W a l d h o f, ungefähr folgende Größe, wenn das
Öffnungsverhältnis $d_2 : d_1$ bis zu 0,4 gewählt wird:

Venturirohre von 20 bis 50 mm lichte Rohrweite 0,96 bis 0,98,
Venturirohre von größeren lichten Rohrweiten 0,97 bis 0,995,
Meßflansch mit abgerundetem Einlauf 0,95 bis 0,97.

Bei größeren Öffnungsverhältnissen bis maximal $d_2 : d_1 = 0,7$ fällt
der Koeffizient ab. Die entsprechenden Werte für die verschiedenen
Staugeräte müssen durch Eichung bestimmt werden.

Das Registrierinstrument, welches die hindurchströmende momen-
tane Dampfmenge fortlaufend anzeigt, wird nur durch den Differenzdruck des Staugerätes betätigt. Wenn eine richtige Anzeige bei den
verschiedenen Dampfgeschwindigkeiten vorhanden sein soll, so setzt
dies voraus, daß der Durchflußkoeffizient μ des Staugerätes bei diesen
verschiedenen Dampfgeschwindigkeiten ziemlich genau konstant bleibt.
Parabolische Meßdüsen mit glatter Oberfläche kommen diesem Er-
fordernis am nächsten, da diese Düsen innerhalb eines großen Geschwin-
digkeitsbereichs einen fast konstanten Durchflußkoeffizienten besitzen.
Daher sind auch Venturirohre Bauart Bopp & Reuther mit eingesetzter parabolischer Meßdüse und Meßflanschen mit gerundetem
Einlauf für die Dampfmessung besonders vorteilhaft. Außerdem werden
diese Düsen auch weniger in ihrer Meßgenauigkeit von einer Wirbel-
strömung beeinflußt (siehe u. a. Gramberg, Techn. Messungen).

Geht die Strömungsgeschwindigkeit indessen unter einen bestimmten Betrag herunter, so fällt der Durchflußkoeffizient μ ziemlich schnell ab. Diese Erscheinung zeigt sich deutlich in den Eichdiagrammen der Wassereichung der verschiedenen Staugeräte auf S. 11, aus denen hervorgeht, daß man bei der Wassermessung diese untere Grenzgeschwindigkeit in der Meßdüse mit 1—2,0 m/s annehmen kann. Läßt man nun bei diesen kleineren Durchflußmengen einen Meßfehler von 2 % allein durch das Abfallen des Durchflußkoeffizienten zu, so darf man annähernd sagen, daß der Durchflußkoeffizient bei Staugeräten mit parabolischer Düse bei einer Wassergeschwindigkeit von ungefähr 0,8 bis 1,6 m/s in der Meßdüse anfängt konstant zu werden. Wie in Abschnitt 5, S. 38, gezeigt wird, kann man die Ergebnisse der Wassereichung durch entsprechende Umrechnung auf die Dampfmessung übertragen.

Der Faktor der Einlaufgeschwindigkeit ε.

Die Einlauf- oder Zuströmgeschwindigkeit zum Staugerät, das ist die Geschwindigkeit in der Rohrleitung, hat einen erheblichen Einfluß auf die Messung. Dieser Einfluß ist für eine festgelegte Rohrleitung konstant und wird am besten durch einen besonderen Faktor ε in der Formel für die Durchflußmenge berücksichtigt. Für Staugeräte ohne Kontraktion hinter dem engsten Querschnitt, wie Venturirohr, Meßdüse und Meßflansch mit abgerundetem Einlauf, wird dieser Faktor:

$$\varepsilon = \frac{1}{\sqrt{1 - \left(\frac{F_2}{F_1}\right)^2}} \quad \cdots \cdots \cdots \quad 4)$$

Wird $F_1 \doteq \infty$, dann ist $w_1 = 0$ und der Wert $\varepsilon = 1$. ε drückt daher den Einfluß der Einlaufgeschwindigkeit aus, wenn w_1 größer als 0 ist. Der Faktor kann aus dem Diagramm Abb. 6 bequem entnommen werden.

Bei zusammendrückbaren Medien, wie Dampf und Gase, muß im allgemeinen bei der Berechnung des Faktors ε auch die Veränderung des spezifischen Gewichts berücksichtigt werden. Auf Grund der Arbeit von Odquist und des Aufsatzes von Kretzschmer sind auch die Faktoren ε für Gase und Dämpfe für Staugeräte ohne Kontraktion abgeleitet worden. Der Faktor ε für Berücksichtigung der Einlaufsgeschwindigkeit wird in diesem Fall

$$\varepsilon' = \frac{1}{\sqrt{1 - \left(\frac{F_2}{F_1}\right)^2 \cdot \left(\frac{p_2}{p_1}\right)^{\frac{2}{k}}}} \quad \cdots \cdots \cdots \quad 5)$$

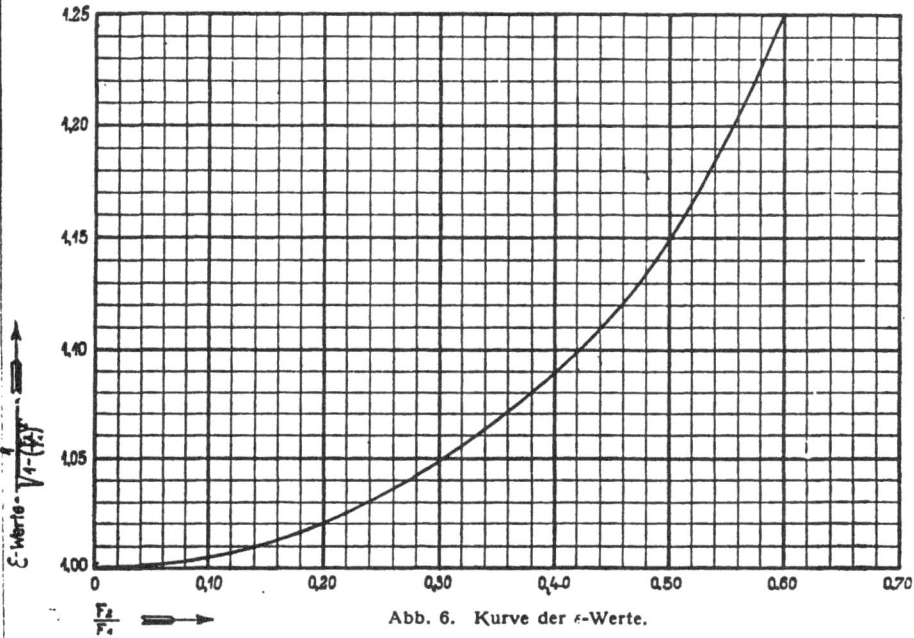

Abb. 6. Kurve der ε-Werte.

Hierin bedeutet k wieder das Verhältnis der spezifischen Wärmen des Dampfes oder des Gases. Es soll nun zunächst untersucht werden, für welche Druckverhältnisse $\dfrac{p_2}{p_1}$ der Einfluß der Zustandsänderung zwischen dem Meßquerschnitt 1 und 2 auf die Größe des Faktors ε so klein ausfällt, daß die einfache Formel für den Faktor der Einlaufgeschwindigkeit ε entsprechend Gleichung 4) angewendet werden kann.

Für kontraktionslose Staugeräte kann man die entstehende Abweichung dadurch ermitteln, daß man den Quotienten $\varepsilon : \varepsilon'$ unter Benutzung der Gleichung 4) für ε und der Gleichung 5) für ε' ermittelt, und zwar für die verschiedenen Druckverhältnisse $\dfrac{p_2}{p_1}$ und für verschiedene Querschnittsverhältnisse $F_2 : F_1$.

Bezeichnet man den Quotienten $\varepsilon : \varepsilon'$ mit ϑ, so ist ε' um einen gewissen Prozentbetrag größer als ε. Dieser Prozentbetrag ergibt sich aus der Beziehung $(1 - \vartheta) \cdot 100$. Die Tabelle auf S. 24 enthält diese Prozentwerte.

$\dfrac{p_2}{p_1}$	$\dfrac{F_2}{F_1}=0{,}20$		$\dfrac{F_2}{F_1}=0{,}40$		$\dfrac{F_2}{F_1}=0{,}60$		$\dfrac{F_2}{F_1}=0{,}80$	
	$k=1{,}0$	$k=1{,}40$	$k=1{,}0$	$k=1{,}40$	$k=1{,}0$	$k=1{,}40$	$k=1{,}0$	$k=1{,}40$
1,0	0,00	0,000	0,000	0,000	0,000	0,000	0,000	0,0000
0,99	0,042	0,0297	0,189	0,136	0,556	0,3986	1,724	1,2436
0,98	0,082	0,059	0,375	0,259	1,096	0,802	3,345	2,4367
0,96	0,163	0,118	0,738	0,536	2,135	1,555	6,316	4,6847
0,94	0,242	0,176	1,091	0,797	3,010	2,298	8,871	6,7659
0,92	0,318	0,233	1,432	1,053	4,048	3,016	11,372	8,6992
0,90	0,394	0,290	1,762	1,305	4,951	3,712	13,542	10,5007
0,88	0,467	0,346	2,082	1,553	5,799	4,388	15,517	12,184
0,86	0,538	0,402	2,392	1,797	6,607	5,042	17,323	13,7607
0,84	0,608	0,468	2,691	2,036	7,375	5,678	18,980	15,2409
0,82	0,676	0,511	3,037	2,261	8,109	6,294	20,505	16,6335
0,80	0,742	0,564	3,262	2,503	8,808	6,893	21,914	17,9564

Mit Hilfe der vorstehenden Tabelle kann also ohne weiteres festgestellt werden, welche Fehler entstehen, wenn man die genaue thermodynamische Formel von ε für Berücksichtigung der Einlaufgeschwindigkeit bei der Berechnung der Dampfmengen nicht benutzt und auch bei Dampfmessungen nur die einfache Formel von ε für Flüssigkeiten verwendet. Mit Rücksicht auf die Kleinheit dieses Fehlers bei den praktisch vorkommenden Betriebsverhältnissen wird bei den folgenden Ableitungen der Einfluß der Einlaufgeschwindigkeit des Dampfes in der Rohrleitung nur durch die einfache Formel

$$\varepsilon = \frac{1}{\sqrt{1-\left(\dfrac{F_2}{F_1}\right)^2}}$$ berücksichtigt.

Aufstellung der Hauptgleichung.

Durch die in den vorstehenden Abschnitten vorgenommenen Ableitungen ist nun die Möglichkeit, die Gliederung der auf Seite 12 aufgeführten Dampfgleichung 1 durchzuführen, daß die 3 Hauptfaktoren und zwar

a) der thermodynamische Faktor φ,
b) der Durchflußkoeffizient μ,
c) der Faktor der Einlaufgeschwindigkeit ε

klar für sich getrennt in Erscheinung treten.

Führt man in die auf Seite 12 erwähnte Gleichung für die Dampfmenge an Stelle des auf S. 13 genannten Wertes η den Ausdruck
$\eta = \psi \cdot \sqrt{\dfrac{D}{p_1}}$ ein, so ergibt sich

$$G \text{ kg/h} = \frac{3600}{100} \cdot \mu \cdot \varepsilon \cdot F_2 \cdot \sqrt{2\,g \cdot p_1\,\gamma_1} \cdot \psi \cdot \sqrt{\frac{D}{p_1}}$$

$$= 159{,}5 \cdot \mu \cdot \varepsilon \cdot F_2 \cdot \psi \cdot \sqrt{D \cdot \gamma_1}$$

Setzt man den Wert für ψ in die Gleichung für G ein, so erhält man
eine einfache allgemein gültige Gleichung für die Dampfmenge G,
und zwar für Druckverhältnisse von $\dfrac{D}{p_1} = 0{,}01$ bis $0{,}20$:

$$\boxed{G \text{ kg/h} = 159{,}5 \cdot \boldsymbol{\mu} \cdot \boldsymbol{\varepsilon} \cdot \boldsymbol{F_2} \cdot \boldsymbol{\psi} \cdot \sqrt{\boldsymbol{D} \cdot \boldsymbol{\gamma_1}}} \quad \ldots \ldots 7)$$

In dieser Gleichung ist zu setzen:

die Konstante $a = 0{,}77$;

als Werte für k für adiabatische Zustandsänderung:

> Für überhitzten Dampf $k = 1{,}30$,
> „ Sattdampf $\qquad k = 1{,}13$,
> „ Luft $\qquad\qquad k = 1{,}40$,

bei polytropischer Zustandsänderung entsprechend kleinere Werte für k,
jedoch größer als $1{,}0$ und für isothermische Zustandsänderung k stets
$= 1{,}0$.

Ferner ist einzuführen:

$D =$ Differenzdruck des Staugerätes in at,

$F_2 =$ Querschnitt an der engsten Stelle des Staugerätes in cm²,

$p_1 =$ Dampfdruck in der Rohrleitung vor dem Staugerät in ata,

$\gamma_1 =$ spezifisches Gewicht des Dampfes im Betriebszustand vor
dem Staugerät in kg/m³,

$\psi = 1 - \dfrac{a}{k} \cdot \dfrac{D}{p_1} =$ der thermodynamische Faktor,

$\mu =$ der Durchflußkoeffizient des Staugerätes,

$\varepsilon =$ der Faktor der Einlaufgeschwindigkeit.

Für verlustlose Strömung mit $\mu = 1$ wird

$$G_0 \text{ kg/h} = 159{,}5 \cdot \varepsilon \cdot F_2 \cdot \psi \cdot \sqrt{D \cdot \gamma_1} \quad \ldots \ldots \ldots \text{8)}$$

Aufstellung einer Näherungsgleichung für Überschlagsrechnungen.

Zur Vornahme von Überschlagsrechnungen empfiehlt sich an Stelle des unbekannten F_2 die Einführung des Leitungsdurchmessers F_1 auf Grund der Beziehung

$$F_2 = \left(\frac{d_2}{d_1}\right)^2 \cdot F_1$$

und die Zusammenfassung der Werte μ, ε und $\left(\dfrac{d_2}{d_1}\right)^2$ zu einem Faktor K, und zwar unter Einführung der mittleren μ-Werte, die zu den verschiedenen $d_2 : d_1$-Werten gehören.

Es wird dann

$$K = \mu \cdot \varepsilon \cdot \left(\frac{d_2}{d_1}\right)^2$$

und somit:

$$\boxed{G \text{ kg/h} = 159{,}5 \cdot K \cdot F_1 \cdot \psi \cdot \sqrt{D \cdot \gamma_1}} \quad \ldots \ldots \text{9)}$$

Die Werte K für das Venturirohr und für den Meßflansch mit gerundetem Einlauf können aus den Diagrammen Abb. 7 und 8 entnommen werden.

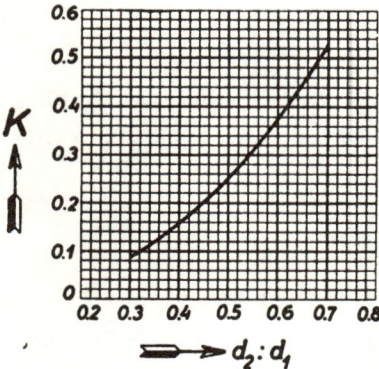

Abb. 7. Beiwert K für Venturi-
messer.

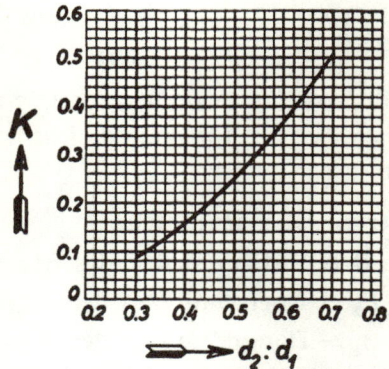

Abb. 8. Beiwert K für den Meßflansch mit gerundetem Einlauf.

Die Größe des thermodynamischen Einflusses.

Der thermodynamische Einfluß ist, wie oben nachgewiesen, durch die Größe der Abweichung des Wertes ψ von der Zahl 1 dargestellt.

Bezeichnet man diese Abweichung wieder mit δ, so ist,

$$\delta = \frac{a}{k} \cdot \frac{D}{p_1}$$

ausgedrückt durch den Differenzdruck D und die Dampfspannung p_1 in der Rohrleitung.

Bei Nichtberücksichtigung des thermodynamischen Einflusses bei der Berechnung der Dampfmenge wird der Fehler in Prozent: $\delta^0/_0 = $ Meßfehler in Prozent:

$$= \frac{a}{k} \cdot \frac{D}{p_1} \cdot 100 \quad \ldots \ldots \ldots \quad 10)$$

Die Diagramme Abb. 9 für $k = 1,135$ und Abb. 10 für $k = 1,30$ zeigen die Größe der Meßfehler bei Nichtberücksichtigung der thermodynamischen Zustandsänderung und zeigen zugleich die Größe von ψ für Differenzdrücke bis 6 m WS bei den verschiedenen Betriebsdrücken.

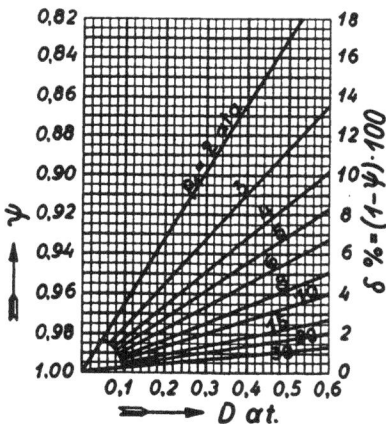

Abb. 9. Werte von ψ und δ für Sattdampf, $k = 1,135$

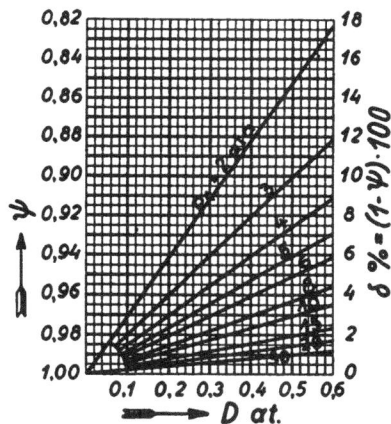

Abb. 10. Werte von ψ und δ für überhitzten Dampf, $k = 1,30$.

Läßt man einen größten Meßfehler von 1 % durch Vernachlässigung der thermodynamischen Zustandsänderung des Dampfes in der Meßdüse zu, so ergibt sich für überhitzten Dampf mit $k = 1,30$

$$\frac{a}{k} \cdot \frac{D}{p_1} \cdot 100 = \frac{0,77}{1,30} \cdot \frac{p_2 - p_1}{p_1} \cdot 100 = 1$$

oder:

$$0,6 \cdot \left(1 - \frac{p_2}{p_1}\right) \cdot 100 = 1$$

und hieraus

$$\frac{p_2}{p_1} = 0{,}983.$$

Man kann also $\psi = 1{,}0$ setzen für alle Werte von $p_2 : p_1 > 0{,}98$. In diesem Fall vereinfacht sich die Formel 4 für G in

$$G \text{ kg/h} = 159{,}5 \cdot \mu \cdot \varepsilon \cdot F_2 \cdot \sqrt{D \cdot \gamma_1} \quad \ldots \ldots \ldots \text{11)}$$

bzw. für Näherungsrechnungen zu

$$G \text{ kg/h} = 159{,}5 \cdot K \cdot F_1 \cdot \sqrt{D \cdot \gamma_1} \quad \ldots \ldots \ldots \text{12)}$$

Beispiele:

1. Beispiel.

Die Dampfleitung habe 100 mm l. W., die Dampfspannung sei 8 atü und die Dampftemperatur 250° C. Differenzdruck D in der Meßdüse soll bei einem engsten Durchmesser der Düse von 48 mm 2,6 m WS (= Wassersäule) oder 0,26 at betragen. Als Staugerät dient ein Venturirohr nach Abb. 1.

Gesucht die Dampfmenge G in kg/h.

In die Rechnung einzuführen ist der absolute Druck, also $p_1 = 9$ ata. Das Verhältnis $D : p_1$ errechnet sich aus $0{,}26 : 9 = 0{,}029$ und

$$\frac{p_2}{p_1} = 1 - 0{,}029 = 0{,}971$$

Folglich ist hier der thermodynamische Faktor ψ zu berücksichtigen. Derselbe ist

$$1 - \frac{a}{k} \cdot \frac{D}{p_1} = 1 - \frac{0{,}77 \cdot 0{,}26}{1{,}3 \cdot 9} = 0{,}983$$

Der Durchflußkoeffizient der Düse wurde durch Eichung ermittelt zu 0,98. Der Faktor der Einlaufgeschwindigkeit ergibt sich für $d_2 = 48$ mm und $d_1 = 100$ mm, d. h. für $F_2 : F_1 = 0{,}23$, nach Formel 1 bzw. nach Diagramm Abb. 5 zu $\varepsilon = 1{,}028$.

Das spezifische Gewicht des Dampfes für 8 atü und 250° C beträgt nach Tafel 2 $= 3{,}76$ kg/m³ und der engste Querschnitt der Meßdüse ist 18,1 cm². Dann errechnet sich die Dampfmenge zu:

$$G = 159{,}5 \cdot 0{,}98 \cdot 1{,}028 \cdot 18{,}1 \cdot 0{,}083 \cdot \sqrt{0{,}26 \cdot 3{,}76} = 2840 \text{ kg/h}$$

2. Beispiel.

Für die gleiche Dampfleitung und denselben Dampfzustand sei jetzt die Dampfmenge von 5000 kg/h bekannt, und man will für diese maximale Dampfmenge den engsten Querschnitt der Meßdüse berechnen, wenn man hierbei einen Differenzdruck von $D = 0{,}50$ at zulassen will. Als Staugerät diene wiederum ein Venturirohr.

Bei Beispielen dieser Art empfiehlt sich zunächst die Anwendung der Formel 9, da der engste Querschnitt der Düse F_2 gesucht wird, und somit auch die durch diesen Querschnitt bedingten Werte ε und μ nicht bekannt sind.

Der Wert ψ für einen Betriebsdruck $p_1 = 9$ ata und einen Differenzdruck

$$D = 0{,}50 \text{ ata wird} \quad \psi = 1 - \frac{0{,}77}{1{,}3} \cdot \frac{0{,}5}{9} = 0{,}9681$$

Es berechnet sich nun der Wert K aus Formel 9 zu

$$K = \frac{G}{159,5 \cdot F_1 \cdot \psi \cdot \sqrt{D} \cdot \gamma_1}$$

$$= \frac{5000}{159,5 \cdot 78,54 \cdot 0,9681 \cdot \sqrt{0,5} \cdot 3,76} = 0,30$$

Zu diesem Wert von K gehört nach Diagramm Abb. 7 ein Wert $d_2 : d_1 = 0,545$ und es ergibt sich somit der Düsendurchmesser an der engsten Stelle zu

$$d_2 = 54,5 \text{ mm}$$

Da in den Diagrammen Abb. 7 und 8 die K-Werte nur als Mittelwerte für die verschiedenen Größen der Staugeräte eingetragen sind, so ist zur genauen Festlegung des Durchmessers eine Kontrollrechnung mit dem μ-Wert des betr. Staugeräts durchzuführen, wobei der Wert ε zunächst entsprechend dem näherungsweise gefundenen Verhältnis $d_2 : d_1$ eingeführt wird. Über die Möglichkeit, den μ-Wert des Staugeräts für Dampfmessung mit Hilfe einer Wassereichung zu ermitteln, gibt der Abschnitt 5, S. 38, Aufschluß.

4. Die praktische Dampfmessung.

Für die im Betrieb vorzunehmende Dampfmessung ist zunächst die Wahl zu treffen, welches Staugerät verwendet werden soll. Es stehen folgende Staugeräte zur Verfügung:

1. Der scharfkantige dünne Staurand,
2. der breitere, am Einlauf abgerundete Meßflansch,
3. die parabolische Meßdüse,
4. das Venturirohr mit eingesetzter parabolischer Meßdüse.

Für die Wahl eines dieser Staugeräte sind drei Momente entscheidend:

1. Der für die Messung zulässige größte Druckverlust in der Rohrleitung,
2. der gewünschte Meßbereich von kleinster bis größter Dampfmenge,
3. die verfügbare Baulänge zum Einbau des Staugeräts mit den erforderlichen geraden Rohrstrecken vor und hinter dem Staugerät.

Von diesen drei Größen soll im allgemeinen der Druckverlust und die Baulänge möglichst klein, der Meßbereich hingegen so groß wie möglich sein. Inwieweit sich dies im Hinblick auf die vorliegenden Betriebsverhältnisse erreichen läßt, sei im nachstehenden näher erläutert.

Der Druckverlust der Staugeräte.

Der Druckverlust der Staugeräte hängt bei dem Staurand, dem Meßflansch und der Meßdüse stark von der Einschnürung der Rohrleitung im Meßquerschnitt ab, d. h. von dem Verhältnis $d_2 : d_1$. Bei dem Venturirohr ist das nicht in gleichem Maße der Fall, weil hier die teilweise Zurückgewinnung des Differenzdruckes durch das allmählich erweiterte konische Auslaufrohr bei den verschiedenen Einschnürungsverhältnissen in nahezu gleich günstiger Weise erfolgt. Im nachstehenden Diagramm sind die in Frage kommenden Druckverluste der verschiedenen Staugeräte als Prozentwerte des erzeugten Differenzdruckes bei verschiedenen Öffnungsverhältnissen $d_2 : d_1$ angegeben und es ist

$$\text{Druckverlust} = \text{Prozentwert } a \cdot \text{Differenzdruck} \quad \ldots \ldots \quad 13)$$

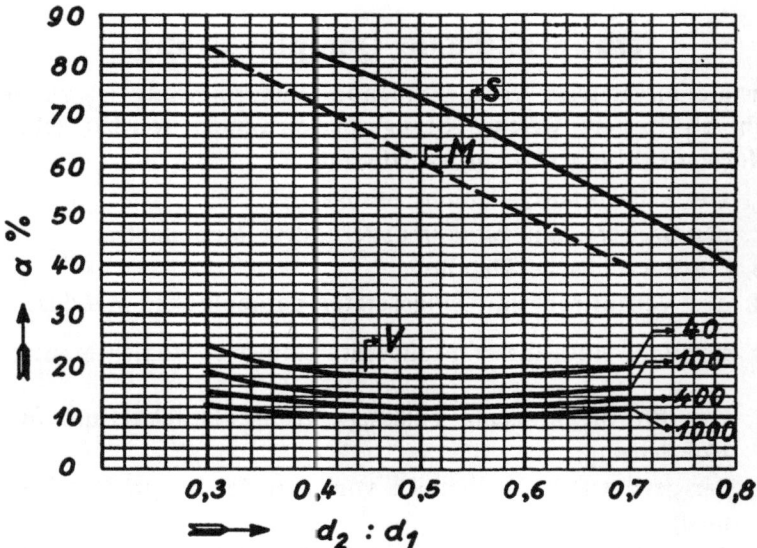

Abb. 11. Prozentwerte a zur Ermittlung des Druckverlustes.

$V =$ Druckverlustkurve für Venturirohre.
$M =$ „   „ Meßflansch mit gerundetem Einlauf.
$S =$ „   „ scharfkantigen Staurand.

Die aus der graphischen Darstellung Abb. 11 zu entnehmenden Werte sind als Mittelwerte anzusehen.

Für ein Verhältnis von $d_2 : d_1 = 0,4$ hat also der Staurand 83%, der Meßflansch mit gerundetem Einlauf 72% und das Venturirohr nur

12 % Verlust, bezogen auf den Differenzdruck, der durch das Staugerät bei der Messung erzeugt wird. Beträgt dieser Differenzdruck des Staugerätes zum Beispiel 2 m WS, so hat der Staurand einen Druckverlust von 1,66 m WS, der Meßflansch 1,44 m WS und das Venturirohr nur 0,24 m WS Druckverlust. Das Venturirohr ist also ökonomischer als Staurand und Meßflansch.

Der Meßbereich.

Wie die verschiedenen Veröffentlichungen erkennen lassen, wird der Begriff Meßbereich nicht einheitlich aufgefaßt. Die Bezeichnung des Meßbereichs durch die Wurzel des maximalen Differenzdruckes legt nur die obere Verwendungsgrenze des Meßinstrumentes fest und muß deshalb durch eine Angabe ergänzt werden, die auch die untere Verwendungsgrenze des Instrumentes erkennen läßt. Beide Verwendungsgrenzen, klar und eindeutig festgelegt, bestimmen die Größe des praktisch nutzbaren Meßbereichs eines Instruments.

Der Meßbereich hängt eng mit der genauen Festlegung der Meßgenauigkeit bei den verschiedenen Belastungen oder Zeigerausschlägen zusammen. Bei der Beurteilung der Angaben, die über den Meßbereich gemacht werden, muß man unbedingt vorsichtig sein. Es hat beispielsweise keinen Zweck, als unterste Grenze des Meßbereichs Zeigerausschläge anzugeben, die 1—2 mm vom Nullstrich entfernt liegen, weil hierbei allein schon die Ablesefehler das Meßergebnis entscheidend beeinflussen. Eine einwandfreie Festlegung des Begriffs Meßbereich dürfte durch folgende Fassung gegeben sein.

Der Meßbereich ist das Verhältnis zwischen der kleinsten und größten Dampfmenge, die von der Meßvorrichtung noch genau gemessen und angezeigt wird. Setzt man die kleinste Menge gleich 1, so ist der Ausdruck für den Meßbereich eine Verhältniszahl, z. B. 1 : 10, 1 : 12, 1 : 15 usw.

Nach oben ist der Meßbereich begrenzt durch den größten Differenzdruck, für welchen die an das Staugerät angeschlossenen Instrumente gebaut sind. Dieser größte Differenzdruck ist aber wiederum abhängig von dem größten Druckverlust im Staugerät, den man bei der Messung zulassen will. Im allgemeinen wird man in Dampfleitungen bei der maximalen Menge nicht über 0,15 at Druckverlust zulassen. Da nun bei Meßflanschen je nach dem Einschnürungsverhältnis mit einem Druckverlust von 40—84% des Differenzdrucks vom Staugerät gerechnet werden muß, so kann man bei Verwendung von Meßflanschen, Meßdüsen und Staurändern nur einen größten Druckunterschied von etwa $\frac{0,15}{0,75} = 0,2$ at $= 2$ m WS bei der maximalen Dampfmenge zulassen. Bei Verwendung des Venturirohres kann man infolge der Wiedergewinnung von 85—90% des Differenzdrucks erheblich weiter gehen, doch begrenzt man hier den größten Differenzdruck meistens auf 6 m WS, da der Meßbereich dann groß genug wird. In diesem Falle ergibt sich bei der größten Dampfmenge ein Druckverlust von etwa 12% von 6 m WS oder 0,72 m WS $= 0,07$ at.

Nach unten ist der Meßbereich festgelegt durch

1. den kleinsten Differenzdruck, bei dem das Staugerät noch einen konstanten Durchflußkoeffizienten aufweist;
2. den kleinsten Differenzdruck, bei welchem das Anzeigegerät noch genau mißt und genau ablesbar anzeigt.

Wie bereits auf S. 22 über den Durchflußkoeffizienten μ angegeben, ist bei der Wassermessung die untere Grenzgeschwindigkeit in der Meßdüse, bei der der Durchflußkoeffizient anfängt konstant zu werden, etwa 1—2 m/s in der Düse. Der zugehörige Differenzdruck des Staugeräts errechnet sich bei der Wassermessung nach der Formel $(w_2{}^2 - w_1{}^2) : 2g$. Da die Geschwindigkeit w_1 bei der unteren Grenzgeschwindigkeit von $w_2 = 1$ m/s in der Meßdüse sehr klein ist, so kann w_1 bei der Berechnung des Differenzdruckes hier vernachlässigt werden. Man erhält dann den zugehörigen Differenzdruck einfach als Geschwindigkeitshöhe von $w_2 = 1$ m/s in der Meßdüse $= \dfrac{w_2{}^2}{2g} = 50$ mm WS. Man erhält damit für Staugeräte größerer Lichtweite mit parabolischen Meßdüsen die Beziehung, daß der Durchflußkoeffizient μ bei Differenzdrücken von 50 mm WS anfängt bei der Wassermessung konstant zu werden. Wie später bei der Übertragung der Wassereichung von Staugeräten auf die Dampfmessung noch näher nachgewiesen, bleibt der Durchflußkoeffizient des Staugeräts bei der Dampf- und Luftmessung noch bei viel kleineren Differenzdrücken konstant, und zwar liegt der Wert hier je nach der Größe des Staugeräts bei Differenzdrücken bis herab zu 4 mm WS. Hieraus ergibt sich die wichtige Folgerung, daß bei Dampf- und Luftmessungen die untere Grenze des Meßbereichs nicht so sehr vom Staugerät als vielmehr von der Empfindlichkeit und Größe des Zeigerausschlags der zugehörigen Anzeige- und Registrierinstrumente abhängt.

Bei den Anzeige- und Registrierinstrumenten für Dampfmessungen muß man unterscheiden zwischen Instrumenten für niedere und solche für hohe und höchste Betriebsdrücke. Da man bei Dampfmessungen hauptsächlich Instrumente für hohe und höchste Betriebsdrücke benötigt und man aus diesem Grunde auch einen größeren Differenzdruck von 2 bis 6 m WS zulassen kann, so kann man für die untere Grenze des Meßbereichs ein Instrument als günstig bezeichnen, wenn dasselbe bei einem Differenzdruck von 30 mm WS eine zuverlässige Anzeige liefert und einen deutlichen Zeigerausschlag macht.

Dieser kleinste noch brauchbare Zeiger- oder Schreibfederausschlag sei mit 5 mm angenommen. Bekanntlich läßt man in der Meßtechnik einen Bewegungsfehler oder Abweichung der Schreibfeder im Vor- und Rückwärtsgang von 0,2 mm über den ganzen Meßbereich zu. Diese Größe bedeutet bei 5 mm Schreibfederausschlag und linearer Skala schon einen Meßfehler von 4%. Da bei quadratischer Skala die durch diese kleinen Bewegungsfehler verursachten Meßfehler doppelt so groß werden, so muß ein gutes Registrierinstrument bei 30 mm WS Differenzdruck und einem Schreibfederausschlag von 5 mm schon eine lineare Einteilung besitzen. Dies wäre also bei Instrumenten für maximal 2000 mm WS Differenzdruck eine Belastung von ungefähr einem Achtel oder etwa 12½% der größten Dampfmenge, und bei Instrumenten für maximal 6000 mm WS Differenzdruck eine Belastung von einem Vierzehntel oder etwa 7% der größten Dampfmenge. Diese Klarstellung ist wichtig, weil bei Instrumenten mit quadratischer Skala im unteren Meßbereich bei 30 mm WS Differenzdruck außer der schlechten Ablesbarkeit der kleinen Zeigerausschläge von 1—2 mm auch der Meßfehler an sich durch die Größe der zugelassenen Bewegungsfehler schon über 10% beträgt.

Aus diesem Grunde hat die Firma Bopp & Reuther, Mannheim-Waldhof, ihre Instrumente so ausgebildet, daß dieselben schon bei etwa 30 mm WS Differenzdruck eine lineare Einteilung der Skala besitzen. Da bei diesen Instrumenten die theoretische Nullinie noch ca. 5 mm unter der praktischen Nullinie des Apparates liegt, so ist der Meßfehler bei 5 mm Zeigerausschlag und 0,2 mm Bewegungsfehler nur 2%.

Hieraus ergibt sich für Dampfmessungen von höherer Spannung ein Meßbereich, der annähernd der Wurzel aus dem kleinsten und größten Differenzdruck proportional ist. Man erhält also folgenden maximalen Meßbereich bei Apparaten mit einem größten Differenzdruck von:

$$2 \text{ m WS} = \sqrt{30} : \sqrt{2000} = 1:8,$$
$$6 \text{ m WS} = \sqrt{30} : \sqrt{6000} = 1:14.$$

Das Diagramm in Abb. 12 zeigt, welche Differenzdrücke zur Erzielung eines bestimmten Meßbereiches notwendig sind, wenn sich mit 6 m Differenzdruck ein Meßbereich von 1:15, 1:12,5 und 1:10 erreichen läßt bzw. mit 2 m Differenzdruck ein Meßbereich von 1:8 und 1:7.

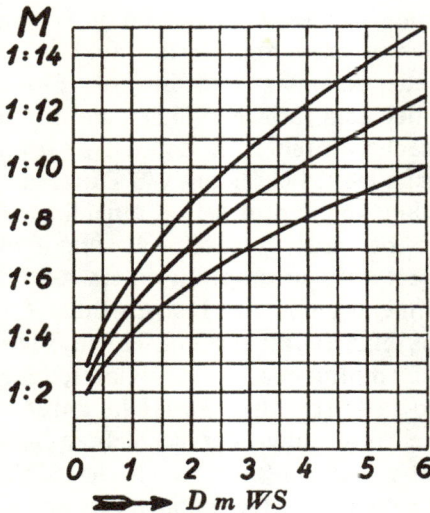

Abb. 12.

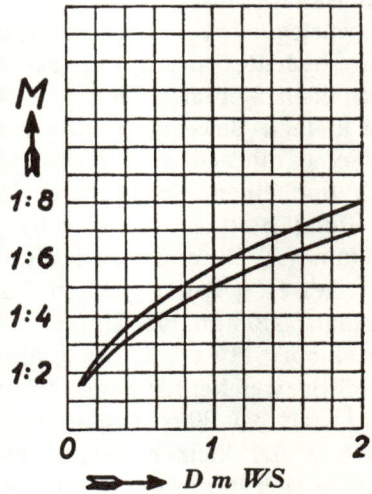

Abb. 13.

Beziehung zwischen Meßbereich und Differenzdruck.

In den Abb. 14—22 sind die wichtigsten bei der Dampfmessung in Frage kommenden Apparate der Firma Bopp & Reuther, Mannheim-Waldhof dargestellt. Die Ziffer 2 bei der Typenbezeichnung kennzeichnet die 2 m-Apparate.

Bopp & Reuther-Venturiapparate.

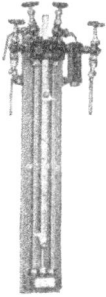

Abb. 14.
Leistungs-Anzeiger Typ A
Quecksilber-Manometer.
Verstellbare Skala.
Quadratische Einteilung.

Abb. 15.
Leistungs-Anzeiger Typ B
Großes Zifferblatt.
Lineare Einteilung.
Bequemes Ablesen.

Abb. 16.
Registrier-Apparat Typ C
24 Stunden-Diagramm.
Lineare Einteilung.
Für tägliche Kontrolle.

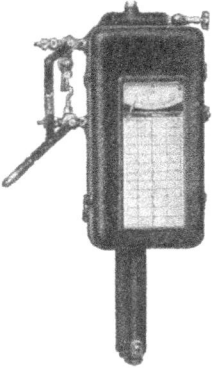

Abb. 17.
Registrier-Apparat Typ D
Wochen- od. Monatsdiagramm.
Lineare Einteilung.
Anzeige der Momentanmenge.

Abb. 18.
Summierungsapparat Typ E
Ablesen der Gesamtmengen
am Zählerwerk.
Anzeige der Momentanmenge.

Abb. 19.
Geber-Apparat Typ G
Mit Fernsender für elektr.
Fernübertragung.

Abb. 20. Dampfuhr Typ B 2
Großes Zifferblatt.
Lineare Einteilung.

Abb. 21. Dampfuhr Typ B 2 C
Großes Zifferblatt.
24 Stunden-Diagramm.

**Abb. 22. Elektrischer Fern-
registrier-Apparat.**

3*

Die Meßgenauigkeit.

Die vorstehend angegebene Festlegung des Meßbereichs macht noch einige Angaben über die bei den verschiedenen Belastungen auftretenden Meßfehler erforderlich. Bei der Beurteilung der für die Meßgenauigkeit genannten Garantiewerte ist darauf zu achten, ob die in Prozent gewährleistete Fehlanzeige sich, wie in der Elektrotechnik üblich, auf den Skalenendwert des Instruments bezieht, oder, wie bei Wasser- und Dampfmessungen gebräuchlich, auf den jeweiligen Sollwert der Anzeige.

Wie die Abb. 23 erkennen läßt, führt die Beibehaltung des gleichen Prozentsatzes für die Fehlanzeige innerhalb des ganzen Meßbereichs an der unteren Grenze desselben zu derart kleinen Absolutwerten, daß die einwandfreie Ermittlung mit den in der Praxis zur Verfügung stehenden Mitteln nicht mehr möglich ist, und es bedeutet somit eine derartige Festlegung eine unnötige Überspannung der Garantieforderungen.

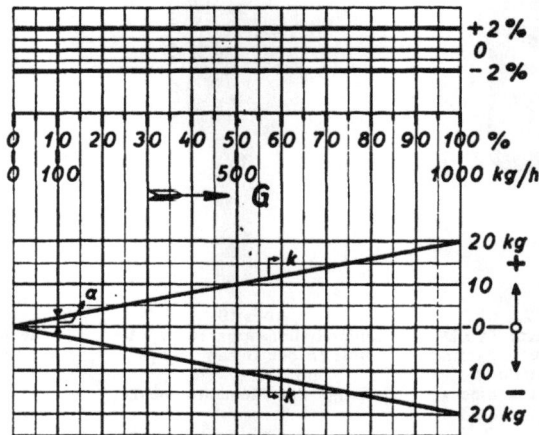

Abb. 23. Darstellung der Fehlanzeigen nach Prozent- bzw. Absolutwerten.

Beispiel. $G = 1000$ kg/h $= 100\%$.
Oben: Darstellung der Fehlanzeige in Prozent.
Unten: ,, ,, ,, als Absolutwerte der Prozentzahl.
a = Absolutwert der Fehlanzeige bei 10% der Gesamtmenge = 2 kg.
k = + bzw. —Grenzlinie der Absolutwerte bei $\pm 2\%$ Fehlanzeige.

Bei 7% der maximalen Belastung entspricht ein Meßfehler von 2% einem Absolutwert von 0,14% des Maximalwertes und es ist ohne weiteres einleuchtend, daß man solch kleine Größen überhaupt nicht mehr einwandfrei ablesen kann. Es ist daher zulässig, die Prozentwerte der auf die jeweiligen Sollmengen bezogenen Fehlanzeige mit kleiner werdenden Durchflußmengen entsprechend zu verändern.

Als Beispiel für die im Betrieb etwa zulässigen Meßfehler der Dampfmesser, bezogen auf den jeweiligen S o l l w e r t der Anzeige, diene die nachstehende Tabelle:

6 m - Apparate			2 m - Apparate	
	Meßfehler in %			Meßfehler in %
Belastungsbereich in %	Anzeige- u. Registrier-Instrumente	Zähler	Belastungsbereich in %	Anzeige- u. Registrier-Instrumente
100—30	± 2	± 2	100—25	± 2
unter 30—16	± 2	± 3	unter 25—18	± 3
,, 16—10	± 3	± 3	,, 18—12,5	± 5
,, 10— 7	± 5	—		

In dieser Tabelle entspricht die Belastung von 100 % derjenigen Durchflußmenge, bei der sich ein Differenzdruck von 6 bzw. 2 m WS ergibt.

Zur besseren Veranschaulichung sind in der nachstehenden Tabelle für einen 6 m-Apparat die entsprechenden Absolutwerte in kg/h für eine größte Dampfmenge von 1000 kg/h dargestellt:

Belastung in %	Dampfmenge in kg/h	Meßfehler in %	Meßfehler in kg
7	70	5	3,5
12	120	3	3,6
20	200	2	4
30	300	2	6
40	400	2	8
50	500	2	10
60	600	2	12
70	700	2	14
80	800	2	16
90	900	2	18
100	1000	2	20

Hieraus ersieht man ohne weiteres, daß es für Betriebsmessungen ohne Bedeutung ist, wenn man bei 7 % Belastung 5 % Meßfehler und bei 12 % Belastung 3 % Meßfehler zuläßt. Das Instrument muß nur so gut durchkonstruiert sein, daß von 16 % Belastung an die größte Abweichung von der wirklichen Dampfmenge nur 1—2 % beträgt.

Die Baulänge der verschiedenen Staugeräte.

Um eine einwandfreie Messung zu erhalten und um Meßfehler infolge von Wirbelströmungen in der Dampfleitung vor dem Staugerät zu vermeiden, ist eine bestimmte gerade Rohrstrecke vor und hinter dem Staugerät erforderlich. Man rechnet beim Meßflansch und bei der Meßdüse mit einer geraden Rohrstrecke von etwa 7—10 Rohrdurchmessern vor dem Staugerät und von etwa 5 Rohrdurchmessern hinter dem Staugerät, um eine richtige Druckabnahme und eine günstige Rückgewinnung des Differenzdruckes zu erzielen. Bei Venturirohren ist eine gerade Rohrstrecke vor dem Messer nicht unbedingt erforderlich. Wenn jedoch eine gerade Rohrstrecke von etwa 5 Rohrdurchmessern vorher vorhanden ist, so üben auch Krümmer keinen nennenswerten Einfluß auf die Messung mehr aus. Zu diesen Rohrstrecken kommt dann noch die Baulänge des Staugerätes.

Die Baulängen B der Staugeräte von Bopp & Reuther. G. m. b. H., Mannheim-Waldhof, sind nachstehend näher angegeben:

Lichte Rohrweite in mm:	50	60	70	80	90	100	125
Meßflansch B . . „ „	25	25	25	25	25	25	30
Venturirohr B . . „ „	500	500	520	550	650	700	800

Lichte Rohrweite in mm:	150	175	200	225	250	300
Meßflansch B . . „ „	35	35	35	35	35	40
Venturirohr B . . „ „	1050	1100	1200	1500	1500	1800

Rechnet man hierzu die oben angegebenen geraden Rohrlängen vor und hinter dem Staugerät, so sind die erforderlichen Einbaustrecken bekannt.

5. Anwendung der Wassereichung für die Staugeräte der Dampfmesser.

Für die Messung von Dampf müßten die Staugeräte wie Staurand, Meßdüse, Meßflansch und Venturirohr eigentlich jedesmal mit Dampf von der betreffenden Spannung und der in Frage kommenden Temperatur über den ganzen Meßbereich bei den verschiedenen Geschwindigkeiten geeicht werden. Dies würde aber ziemlich kostspielig und umständlich sein, und es ist daher erfreulich, daß es vollkommen genügt, die Staugeräte mit kaltem Wasser zu eichen, um die Ausflußziffer für Dampf einwandfrei zu ermitteln. Die Ergebnisse dieser Wassereichung werden dann sinngemäß nach dem Ähnlichkeitsgesetz auf den Dampfmesser übertragen.

Das Ähnlichkeitsgesetz und die Reynolds'sche Zahl.

Dieses Ähnlichkeitsgesetz ist von verschiedenen Forschern immer wieder bestätigt worden, so daß es heute als sichere Grundlage für diese Übertragung benutzt werden kann. Dieses Gesetz besagt:

Zwei Strömungsvorgänge bei sonst gleichen Bedingungen sind nur dann ähnlich, wenn die Reynolds'sche Zahl, also der dimensionslose Ausdruck

$$R = \frac{w \cdot d}{v} \quad \ldots \ldots \ldots \ldots \ldots \quad 14)$$

für beide Fälle denselben Wert hat.

Dieses Gesetz hat nach den bisherigen Untersuchungen unbedingt Gültigkeit, solange die Reynolds'sche Zahl größer als 4000 ist. Die obige Gleichung gilt für einen Kreisquerschnitt und es bedeutet:

$w =$ die Geschwindigkeit in m/s,

$d =$ den Durchmesser in m,

$v =$ Zähigkeitsmodul oder kinematische Zähigkeit in m²/s.

Für verschiedene Flüssigkeiten, Gase und Dämpfe wird statt des Zähigkeitsmoduls v vielfach die Zähigkeitszahl η in kg $\cdot$ s/m² angegeben. Es ist dann:

$$v = \frac{\eta \cdot g}{\gamma} \quad \ldots \ldots \ldots \ldots \ldots \quad 15)$$

worin

$g =$ Beschleunigung der Schwere in m²/s,

$\gamma =$ das spezifische Gewicht in kg/m³ bedeutet.

Die Zähigkeitszahl η wird vielfach auch in Dynen $\cdot$ s/cm² im C.G.S.-System angegeben. Bezeichnet man diese Zahl zum Unterschiede mit $[\eta]$, so besteht die Beziehung:

$$[\eta] \text{ in Dynen} \cdot \text{s/cm}^2 = 98,1 \cdot \eta.$$

Die Größe des Zähigkeitsmodul v.

Für Wasser und Luft hat Blasius (Forschungsarbeiten des V. D. I. Heft Nr. 131) die Werte des Zähigkeitsmoduls v angegeben. Für Dampf hat Speyerer (Forschungsarbeiten des V. D. I. Heft Nr. 273) seit kurzem auch genauere Angaben über die Größe der Zähigkeitszahlen η und $[\eta]$ gemacht. Leider erstrecken sich diese Angaben für Dampf nur auf Spannungen bis 9 atü. Mit steigendem Dampfdruck wachsen diese Zähigkeitszahlen und man kann daher nur annähernd diese Werte für höhere Dampfdrücke schätzen. Rechnet man aber aus diesen Zähigkeitszahlen die zugehörigen Werte des Zähigkeitsmoduls ν aus und trägt diese Werte kurvenmäßig auf, so ergeben sich für die durch Interpolation ermittelten ν-Werte für höhere Dampfdrücke schon von etwa 10 ata ab, fast horizontale, asymptotisch verlaufende Kurven, so daß die durch Interpolation hier entstandenen Fehler für die Werte des Zähigkeitsmoduls ν bei den höheren Dampfdrücken verhältnismäßig klein werden und für die nachstehende Betrachtung wenig ins Gewicht fallen. In der Abb. 24, untere Hälfte, sind die Zähigkeitsmoduln ν in m²/s auf diese Weise aus den Zähigkeitszahlen η errechnet worden. Die Kurve für Sattdampf ist in ähnlicher Weise durch Interpolation ermittelt worden.

Für Luft ist die Kurve für 15⁰ C eingetragen worden und für Wasser ebenfalls bei 15⁰ C. Für Wasser verläuft die Kurve horizontal, da Wasser inkompressibel ist.

Bei der Anwendung dieser Reynolds'schen Zahlen auf die Eichung der Staugeräte für Wasser, Dampf und Luft ist es zweckmäßig, den Vergleich auf die Geschwindigkeiten im engsten Meßquerschnitt zu beziehen, da nur diese Geschwindigkeit die ganze Messung in erster Linie beeinflußt. In der Formel für R ist der Durchmesser der Meßdüse d_2 in m anzugeben und die Geschwindigkeit in der Meßdüse w_2 in m/s. Da der Durchmesser d_2 für das Staugerät des Dampfmessers gegeben ist, so ist nur noch die Geschwindigkeit w_2 im engsten Meßquerschnitt zu bestimmen. Man erhält diese in einfacher Weise bei der Wassereichung durch die Formel

$$w_2 \text{ in m/s} = \mu \cdot \varepsilon \cdot \sqrt{2gH}$$

worin H den Differenzdruck in m WS darstellt. Will man den Differenzdruck D in at einsetzen, so erhält man die Geschwindigkeit an der engsten Stelle:

$$w_2 \text{ in m/s} = \mu \cdot \varepsilon \cdot 443 \cdot \sqrt{\frac{D}{1000}}$$

Bei der Dampfmessung errechnet sich die Geschwindigkeit an der engsten Stelle aus der Formel:

$$w_2 \text{ in m/s} = \frac{G \cdot 10000}{3600 \cdot F_2 \cdot \gamma_2}$$

wobei unter Vernachlässigung von ψ

$$G \cdot 10000 = \mu \cdot \varepsilon \cdot F_2 \cdot 443 \cdot \sqrt{D \cdot \gamma_1}$$

Hierin G in kg/s; F_2 in cm²; D in at; γ_1 in kg/m³.

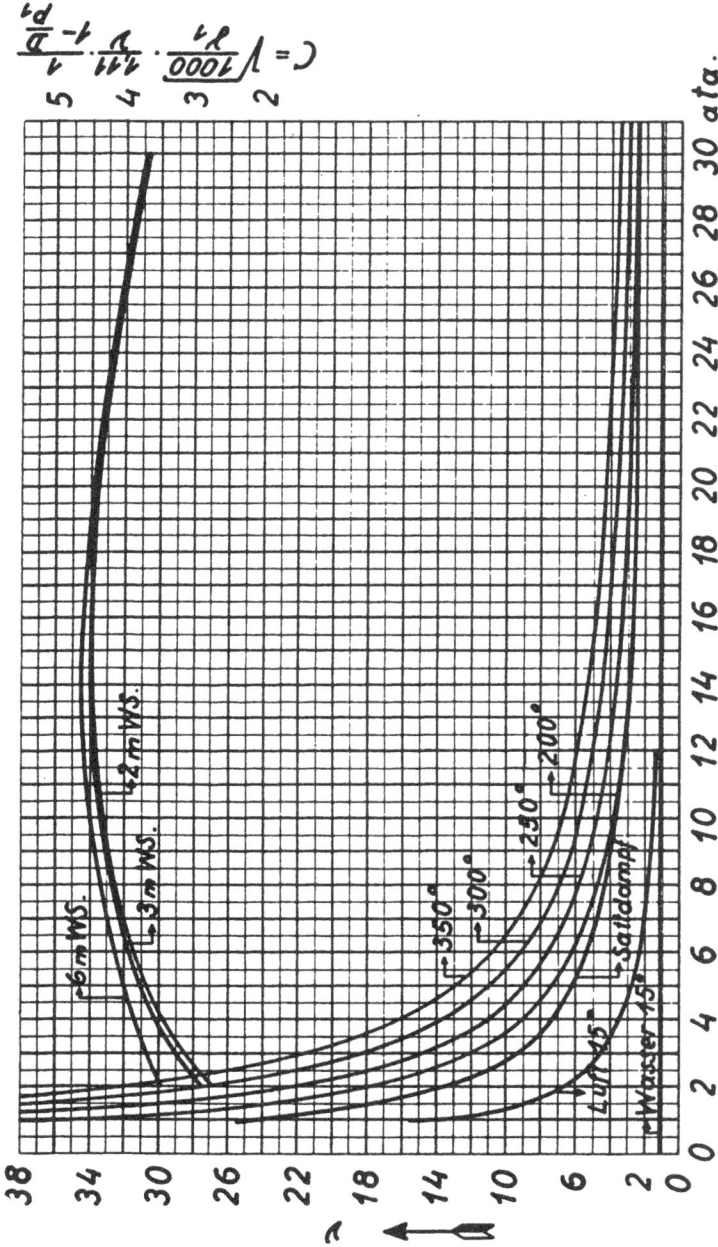

$$C = \sqrt[1111]{1000} \cdot \frac{1111}{\gamma_1} \cdot \sqrt{1 - \frac{p_2}{p_1}}$$

Abb. 24. Graphische Darstellung der r-Werte und der C-Werte.

Da nun im vorliegenden Falle annähernd der Einfachheit halber nach der Isotherme

$$\gamma_2 = \frac{p_2}{p_1} \cdot \gamma_1$$

$$= \left(1 - \frac{D}{p_1}\right) \cdot \gamma_1$$

gesetzt werden kann, so wird schließlich

$$w_2 \text{ in m/s} = \frac{\mu \cdot \varepsilon \cdot 443}{1 - \frac{D}{p_1}} \cdot \sqrt{\frac{D}{\gamma_1}}$$

Diese Formel für die Dampfgeschwindigkeiten in der Meßdüse gleicht derjenigen für Wasser, da das spezifische Gewicht von Wasser gleich γ_1 in $\frac{kg}{m^3} = 1000$ ist und die Geschwindigkeit des Dampfes an der engsten Stelle infolge der Expansion des Dampfes durch den Druckabfall D um das Verhältnis $\frac{p_2}{p_1} = 1 - \frac{D}{p_1}$ größer ist als bei Wasser.

Der Zähigkeitsmodul für Wasser beträgt bei 15° C ungefähr $\gamma = 1,11 \cdot 10^{-6}$. Für Dampf beträgt derselbe für 8 atü und 300° C ungefähr $\nu = 6,3 \cdot 10^{-6}$, ist also fast 6 mal so groß.

Setzt man diese Werte für die Geschwindigkeit in die Formel für die Reynolds'sche Zahl ein, so erhält man:

$$R = \frac{w_2 \cdot d_2}{\nu},$$

und zwar zunächst für Wasser:

$$R_w = \frac{\mu \cdot \varepsilon \cdot 443 \cdot \sqrt{\frac{D}{1000}} \cdot d_2}{1,1 \cdot 10^{-6}} \quad \ldots \ldots \ldots \text{16)}$$

und entsprechend für Dampf:

$$R_D = \frac{\mu \cdot \varepsilon \cdot 443 \cdot \sqrt{\frac{D}{\gamma_1}} \cdot d_2}{\nu \cdot 10^{-6}\left(1 - \frac{D}{p_1}\right)} \quad \ldots \ldots \ldots \text{17)}$$

Verhältnis der Reynolds'schen Zahlen für Wasser und Dampf.

Aus diesen beiden Werten ergibt sich dann das Verhältnis der beiden Reynolds'schen Zahlen von Dampf und Wasser. Bezeichnet man dieses Verhältnis mit C so ist:

$$C = \frac{R_D}{R_w} = \sqrt{\frac{1000}{\gamma_1} \cdot \frac{1,11}{v} \cdot \frac{1}{1 - \frac{D}{p_1}}} \quad \ldots \ldots \quad 18)$$

Bei der Berechnung von C ist zu berücksichtigen, ob die beiden Vergleichspunkte auf der Wassereichkurve denselben μ-Wert haben. Erforderlichenfalls ist eine Berichtigung entsprechend dem Verhältnis der in Frage kommenden μ-Werte einzuführen.

Da nun in der dimensionslosen Zahl R für ein bestimmtes Staugerät die Werte d_2 und v festliegen, so braucht man nur die Geschwindigkeit w_2 bei der Wassereichung ändern, um auf dieselbe Reynolds'sche Zahl wie bei der Dampfeichung zu kommen.

Die oben angegebene Zahl C gibt nun in diesem Fall genau an, um wieviel die Geschwindigkeit bei der Wassereichung zu ändern ist, um auf dieselbe Reynolds'sche Zahl wie bei der wirklichen Dampfmessung zu kommen.

In der Abb. 24, obere Hälfte, sind diese Werte C graphisch aufgetragen, und zwar in drei Kurven für $D = 0,6$, 0,3 und 0,2 at und für Sattdampf von 2 bis 30 ata. Diese Werte von C ändern sich mit der Spannung nicht viel; sie schwanken ungefähr zwischen 3 und 4,6. Man muß somit bei der Wassereichung eines Staugerätes, das für Dampfmessung dienen soll, die einem bestimmten Differenzdruck entsprechende Wassergeschwindigkeit entsprechend der Größe der Verhältniszahl C, d. h. um das 3- bis 4,6fache oder im Mittel um das 3,5fache steigern, um einen der Dampfmessung ähnlichen Betriebszustand zu erhalten. Handelt es sich z. B. um eine Dampfmessung mit einem größten Differenzdruck von $D = 0,6$ at, so muß man für die Übertragung der Eichergebnisse der Wassermessung auf die Dampfmessung für den gleich größten Differenzdruck von $D = 0,6$ at die Geschwindigkeit in der Meßdüse, die bei der Wassereichung etwa 11 m/s beträgt, auf etwa $11 \cdot 3,5$ oder ungefähr 38 m/s steigern und dann gleichzeitig den Differenzdruck im Venturirohr von 0,6 at auf 7,2 at oder 72 m WS. Zur besseren Veranschaulichung diene das folgende Beispiel.

Beispiel.

Es handelt sich um einen Dampfmesser für 10000 kg/h für Dampf von 16 atü (17 ata) und 300° C und um eine Rohrleitung von 150 mm l. W. Der Differenzdruck betrage 6 m WS oder 0,6 at bei der Dampfmenge von 10000 kg/h.

Dann ist nach Tafel 2 das spezifische Gewicht des Dampfes zunächst 6,55 kg/m³ und es ist $D : p_1 = 0,6 : 17 = 0,035$ und $p_2 : p_1 = 1 - 0,035 = 0,965$. Somit wird der thermodynamische Faktor

$$\psi = 1 - \frac{a}{k} \cdot \frac{D}{p_1} = 1 - \frac{0,77}{1,30} \cdot \frac{0,6}{17} = 0,979.$$

Setzt man vorläufig $d_2 : d_1 = 0,5$, also $\varepsilon = 1,034$, und den Durchflußkoeffizienten des Venturirohres $\mu = 0,97$, so berechnet sich der engste Meßquerschnitt zu:

$$F_2 = \frac{10\,000}{159,5 \cdot 0,97 \cdot 1,034 \cdot 0,979 \cdot \sqrt{0,6 \cdot 6,55}}$$

$$= \frac{10\,000}{310,5} = 32,2 \ \text{cm}^2$$

oder $\qquad\qquad d_2 = 64,1 \ \text{mm}.$

Das Verhältnis $d_2 : d_1$ ist also wirklich 64,1 : 150 und damit $F_2 : F_1 = 0,183$ und dementsprechend $\varepsilon = \dfrac{1}{\sqrt{1 - \left(\dfrac{F_2}{F_1}\right)^2}} = 1,016$. Der wirkliche Wert des Durchmessers d_2

ergibt sich daher zu:

$$d_2 = 64,1 \cdot \sqrt{\frac{1,034}{1,016}}$$

$$= 64,6 \ \text{mm}$$

Die Reynolds'sche Zahl für die Wassermessung ist nun bei einem Differenzdruck von 0,6 at in der Meßdüse:

$$R_w = \frac{\mu \cdot \varepsilon \cdot 443 \cdot \sqrt{\dfrac{D}{\gamma_1}} \cdot d_2}{1,11 \cdot 10^{-6}} =$$

$$= \frac{0,97 \cdot 1,016 \cdot 443 \cdot \sqrt{\dfrac{0,6}{1000}} \cdot 0,0646}{1,11} \cdot 1\,000\,000$$

$$= 623\,000$$

und es errechnet sich damit auch eine Wassergeschwindigkeit von:

$$w_2 = \mu \cdot \varepsilon \cdot 443 \cdot \sqrt{\frac{D}{100}}$$

$$= 0,97 \cdot 1,016 \cdot 4,43 \cdot \sqrt{\frac{0,6}{1000}}$$

$$= 10,68 \ \text{m/s}.$$

Für die Dampfmessung wird die Reynolds'sche Zahl bei 0,6 at Differenzdruck

$$R_D = \frac{\mu \cdot \varepsilon \cdot 443 \cdot \sqrt{\dfrac{D}{\gamma_1}} \cdot d_2}{r \cdot 10^{-6} \cdot \left(1 - \dfrac{D}{\gamma_1}\right)}$$

$$= \frac{0,97 \cdot 1,016 \cdot 443 \cdot \sqrt{\dfrac{0,6}{6,55}} \cdot 0,0646}{4,1 \cdot \left(1 - \dfrac{0,6}{17}\right)}$$

$$= 2\,160\,000.$$

Bei Dampfmessung ist also die Reynolds'sche Zahl in diesem Fall 3,47 mal größer als bei der Wassermessung bei dem gleichen Differenzdruck des Staugerätes von 6 m WS in der Meßdüse. Bei der Wassereichung muß daher die Geschwindigkeit von 10,68 m/s auf das 3,47 fache, und zwar 36,7 m/s gesteigert werden, bei einem zugehörigen Differenzdruck von $3,47^2 \cdot 6$ m WS oder 73 m WS statt 6 m WS.

Die auf Grundlage dieser Verhältnisse in der Prüfstation der Firma Bopp & Reuther, Mannheim-Waldhof, durchgeführten Eichversuche mit den verschiedensten Venturirohren und Meßflanschen haben zunächst ergeben, daß der Durchflußkoeffizient μ dieser Staugeräte auch bei Wassergeschwindigkeiten bis zu 20 m/s noch genau konstant bleibt. Dies ist bei Wassermessungen die bisher praktisch erreichte Grenze. Da eine Abweichung des Wertes von μ auch bei 20 m/s noch nicht zu bemerken ist, so läßt sich vermuten, daß auch bei höheren Geschwindigkeiten noch annähernd ähnliche Verhältnisse vorliegen werden.

Aus den bisherigen Versuchen hat sich ferner gezeigt, daß der Durchflußkoeffizient μ des Staugerätes beim Strömen von Wasser erst bei einer bestimmten kleinsten Geschwindigkeit in der Meßdüse praktisch konstant wird.

Diese kleinste Geschwindigkeit fällt etwas mit größer werdendem Durchmesser und schwankt bei gut ausgeführten Düsen, je nach der Größe des Staugeräts, zwischen 1 und 2,0 m/s. Läßt man bei diesen kleinen Durchflußmengen ein Abfallen des Durchflußkoeffizienten von etwa 2 % als unwesentlich bei der Messung zu, so ergibt sich als Mittelwert dieser kleinsten Geschwindigkeit in der Meßdüse etwa 0,8 bis 1,6 m/s. Bei der Wassermessung ist also der Durchflußkoeffizient μ des Staugeräts bei Wassergeschwindigkeiten von 1 bis 20 m/s praktisch konstant. Einem Differenzdruck von 6 m WS entspricht eine Wassergeschwindigkeit von $w_2 =$ etwa 11 m/s in der Meßdüse. Bei der Wassermessung werden demnach entsprechend einem Meßbereich von max. etwa 1 : 14 Wassergeschwindigkeiten von $w_2 = 0,8$ bis 11 m/s in der Meßdüse zu Meßzwecken verwertet. Diese Geschwindigkeiten w_2 von 0,8 bis 11 m/s entsprechen einem Druckunterschied im Staugerät von ungefähr 32,5 bis 6000 mm WS und ungefähr Reynolds'schen Zahlen von 18000 bis 200000 für $d_2 = 20$ mm und 270000 bis 3000000 für $d_2 = 300$ mm.

Die entsprechenden Reynolds'schen Zahlen sind bei der Dampfmessung, bei dem gleichen Staugerät und gleichem Differenzdruck etwa 3 bis 4,6 oder im Mittel 3,5 mal so groß. Da bei der Übertragung der Meßwerte der Wassereichung auf die Dampfmessung für ein bestimmtes Staugerät nur Vorgänge bei gleichen Reynolds'schen Zahlen miteinander verglichen werden können, so entsprechen die Ergebnisse der Wassermessung bei ungefähr 3,5 mal größeren Geschwindigkeiten in der Meßdüse den gleichen Anzeigewerten des Registrierinstruments. Es entspricht also einem Differenzdruck von 32,5 bis 6000 mm WS des Staugerätes bei der Dampfmessung nicht mehr einer Wassergeschwindigkeit von 0,8 bis 11 m/s, sondern von ungefähr 2,8 bis 38,5 m/s in der Meßdüse. Es ist nun erwiesen, daß der Durchflußkoeffizient μ des Staugerätes für Geschwindigkeiten bis 20 m/s konstant bleibt. Man hat also bei der Dampfmessung zunächst für Differenzdrücke, die Wassergeschwindigkeiten von 1 bis 20 m/s in der Meßdüse entsprechen, einen konstanten Durchflußkoeffizienten, weil hier dem Ähnlichkeitsgesetz Genüge geleistet wird.

Man darf vorläufig annehmen, daß der Koeffizient μ der Meßdüsen bei Dampfmessungen auch für die höheren Differenzdrücke bis 6 m WS konstant bleibt, weil sich bei Verdampfungsversuchen bisher eine vorzügliche Übereinstimmung mit dem niedergeschlagenen und aufgefangenen Kondensat in der Anzeige der Instrumente ergeben hat.

Aus dem bisherigen Ergebnis läßt sich nun für die Dampfmessung eine wichtige Schlußfolgerung ableiten. Dem Differenzdruck von 50 mm WS, bei welchem bei der Wassermessung der Durchflußkoeffizient für Staugeräte größerer Lichtweite anfängt konstant zu werden, entspricht bei der Dampfmessung einer Wassergeschwindigkeit von 3,5 m/s bei der Wassereichung. Da nun bei der Wassermessung der Durchflußkoeffizient bei größeren Lichtweiten schon etwa bei 1 m/s in der Meßdüse konstant ist, so muß dieser bei der Dampfmessung, auch bei dem Differenzdruck, der einer 3,5 mal kleineren Geschwindigkeit entspricht, schon konstant sein, wenn das Ähnlichkeitsgesetz Gültigkeit haben soll. Infolgedessen wird auch die unterste Grenze des Meßbereichs mit Rücksicht auf das Staugerät bei einem Differenzdruck liegen, welcher dem $3,5^2$ oder dem 12,2. Teil des bei Wassermessung in Frage kommenden kleinsten Differenzdruckes von 50 mm WS entspricht, und zwar schon bei 4 mm WS. Dies stimmt auch mit Versuchen, die mit Luftmessungen vorgenommen wurden, gut überein. In dem nachstehenden Diagramm, Abb. 25 bis 29, sind die Versuchsergebnisse über die Größe des Durchflußkoeffizienten μ von verschiedenen Staugeräten auf Grund von genauen Wasser-, Dampf- und Luftmessungen eingetragen worden.

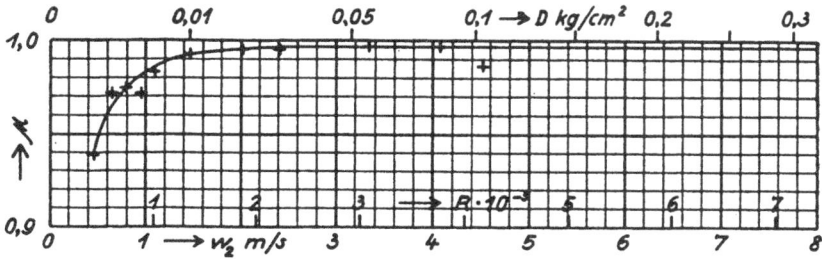

Abb. 25. Venturirohr, 250 mm I. W., $d_2 : d_1 = 0,41$. — Versuche mit Wasser.

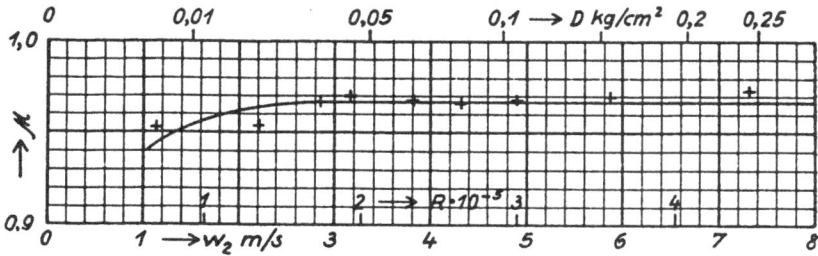

Abb. 26. Meßflansch mit gerundetem Einlauf, $d_2 : d_1 = 0,68$.
Versuche mit Wasser.

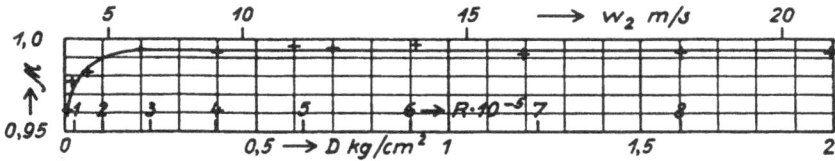

Abb. 27. Venturirohr, 80 mm I. W., $d_2 : d_1 = 0,553$. — Versuche mit Wasser.

× 2.07 ata   ● 4.04 ata   ● 7.21 ata   + 10.11 ata   ○ 13.03 ata

Abb. 28. Venturirohr, genau wie 27, jedoch Versuche mit Dampf.

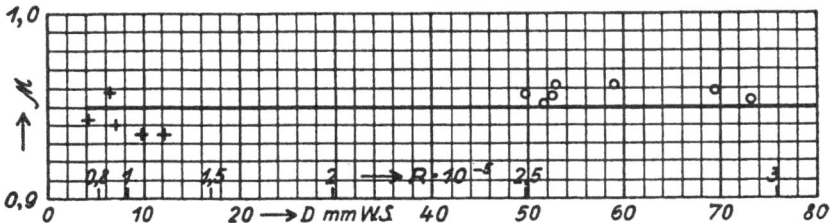

Abb. 29. Meßdüse (Normal VDI), $d_2 : d_1 = 0,4$. — Versuche mit Luft.

In diesem Diagramm sind die Durchflußkoeffizienten μ als Ordinaten und die Geschwindigkeiten v_2 in der Mündung als Abszissen aufgetragen, außerdem auch die zugehörigen Differenzdrücke in m WS und die Reynolds'schen Zahlen bezogen auf den Mündungsquerschnitt. Die Zahlenwerte von μ gelten nur für die betreffenden Beispiele.

Der Verlauf der verschiedenen Kurven ist charakteristisch für die Staugeräte und für die Medien. Bei nicht zusammendrückbaren Medien, wie Wasser, zeigt sich bereits bei verhältnismäßig größeren Differenzdrücken eine merkliche Abweichung von dem konstanten Wert des Durchflußkoeffizienten, so daß mit Rücksicht auf die zu erreichende Meßgenauigkeit die untere Grenze des Meßbereichs gegeben ist, durch diejenigen Wassermengen, bei denen für μ eine Abweichung von etwa 2% von dem konstanten Wert des Durchflußkoeffizienten auftritt.

Im Gegensatz hierzu ergibt sich aus den Diagrammen Abb. 28 und 29, daß bei zusammendrückbaren Medien der μ-Wert noch bei erheblich kleineren Differenzdrücken ziemlich konstant bleibt, womit die obigen Schlußfolgerungen des Ähnlichkeitsgesetzes ihre praktische Bestätigung erhalten.

6. Größe der Meßfehler bei Druck- und Temperaturschwankungen.

Ändert sich der Dampfdruck in der Rohrleitung von p_1 auf den Wert p_x und zugleich die Dampftemperatur von t_1 auf den Wert t_x, so ändert sich das spezifische Gewicht des Dampfes in der Rohrleitung, und der Dampfmesser mißt einen anderen Dampfzustand als den, für welchen er berechnet wurde. Die Folge sind Anzeigefehler des Meßgeräts. Im folgenden wird nun die Größe dieser Meßfehler genauer angegeben.

Bei der Bestimmung der Meßfehler ist davon auszugehen, daß der Differenzdruck im Venturirohr oder beliebigem anderen Staugerät genau richtig vom Anzeige- oder Registrierapparat angezeigt wird, denn das Gerät mißt ja nur den Differenzdruck. In der Formel für das Dampfgewicht G ändert sich daher nur der Ausdruck $\sqrt{\gamma_1}$ und bei Druckschwankungen auch der Wert $\psi = 1 - \dfrac{a}{k} \cdot \dfrac{D}{p_1}$, weil sich hierin p_1 ändert. Alle anderen Größen der Gleichung für G bleiben unberührt. Treten Druck- und Temperaturschwankungen gleichzeitig auf, so ist es für die rechnerische Ermittlung der Meßfehler einfacher, diese Fehler zunächst einzeln für die Druckschwankung und dann für die Temperaturschwankung zu berechnen.

Druckänderung.

Es seien zunächst die bei Änderung des Betriebsdruckes entstehenden Meßfehler angegeben. Bezeichnet man den Faktor, mit dem man das angezeigte und auf den Druck p_1 bezogene Dampfgewicht G_1 multiplizieren muß, um das wirkliche Dampfgewicht G_x bei einem Druck p_x zu erhalten, mit f_p, so besteht die Beziehung:

$$G_x = f_p \cdot G_1.$$

Der Meßfehler in Prozent ergibt sich dann aus dem Faktor f_p zu:

$$\text{Meßfehler in } \% = (f_p - 1) \cdot 100.$$

Der Faktor f_p errechnet sich nun bei der Druckschwankung in folgender Weise:

$$f_p = \frac{G_x}{G_1} = \frac{\psi_x \cdot \sqrt{\gamma_x}}{\psi_1 \cdot \sqrt{\gamma_1}}$$

$$= \frac{1 - \dfrac{a}{k} \cdot \dfrac{D}{p_x}}{1 - \dfrac{a}{k} \cdot \dfrac{D}{p_1}} \cdot \sqrt{\frac{\gamma_x}{\gamma_1}}$$

$$f_p = \frac{p_x - \dfrac{a}{k} \cdot D}{p_1 - \dfrac{a}{k} \cdot D} \cdot \frac{p_1}{p_x} \cdot \sqrt{\frac{\gamma_x}{\gamma_1}} \quad \ldots \ldots \ldots \text{19)}$$

Man muß also zunächst aus den Tafeln 1 bis 3 die spezifischen Gewichte γ_1 und γ_x aufsuchen und kann dann den Fehlerfaktor f_p berechnen. Für die Werke a und k sind die bei der Dampfformel 7 genannten Werte zu setzen, die Drücke sind in ata einzuführen.

Für den Differenzdruck D ist der Wert einzusetzen, welcher der Dampfmenge G_1 entspricht. Ist dieser Wert nicht bekannt, so empfiehlt es sich, mit einem mittleren Differenzdruck zu rechnen und zu setzen:

Für 2 m-Apparate $D = 0,1$ at.

Für 6 m-Apparate $D = 0,3$ at.

In Formel 19 stellt der Faktor

$$\frac{\psi_x}{\psi_1} = \frac{p_x - \frac{a}{k} \cdot D}{p_1 - \frac{a}{k} \cdot D} \cdot \frac{p_1}{p_x}$$

den thermodynamischen Einfluß auf die Strömung dar. Ist dieser Wert annähernd gleich 1, so kann er vernachlässigt werden, und man erhält für die Druckschwankung die einfache Formel

$$f_v = \sqrt{\frac{\gamma_x}{\gamma_1}} \quad \ldots \ldots \ldots \ldots \quad 19\,a)$$

(Näherungsformel 1: Vernachlässigung des thermodynamischen Einflusses auf die Strömung.)

In dieser Formel ist es etwas unbequem, die spezifischen Gewichte bei den bekannten Druckschwankungen von p_1 und p_x aufsuchen zu müssen. Da nun die Größe der Schwankung $p_1 - p_x$ im Verhältnis zu p_1 relativ klein ist, so ist es bei großen Dampfdrücken p_1 zulässig, in dem Bereich der Druckschwankung $p_1 - p_x$ annähernd die Dampfdrücke proportional den spezifischen Gewichten des Dampfes zu setzen. Es gilt dann:

$$\frac{p_x}{p_1} = \frac{\gamma_x}{\gamma_1}.$$

Setzt man diesen Wert in die obige Näherungsgleichung ein, so erhält man

$$f_v = \sqrt{\frac{p_x}{p_1}} \quad \ldots \ldots \ldots \ldots \quad 19\,b)$$

(Näherungsformel 2: Vernachlässigung des thermodynamischen Einflusses auf die Strömung und der Abweichung des spezifischen Gewichtes des Dampfes vom Boyleschen Gesetz.)

Diese Formel hat daher zwei Fehlergrößen und kann nur als rohe Annäherung dienen. Bei kleinen Druckschwankungen und hohen Dampfdrücken kann man sie dagegen benutzen.

Es ist aber zweckmäßig, diese Formel mit dem thermodynamischen Strömungsfaktor

$$\frac{\psi_x}{\psi_1} = \frac{p_x - \frac{a}{k} D}{p_1 - \frac{a}{k} D} \cdot \frac{p_1}{p_x} \cdot \sqrt{\frac{p_x}{p_1}}$$

zu verbinden. Dann ist:

$$f_p = \frac{p_x - \frac{a}{k}D}{p_1 - \frac{a}{k}D} \cdot \frac{p_1}{p_x} \cdot \sqrt{\frac{p_x}{p_1}}$$

$$= \frac{p_x - \frac{a}{k}D}{p_1 - \frac{a}{k}D} \cdot \sqrt{\frac{p_1}{p_x}} \quad \dots \dots \dots \dots \text{19 c)}$$

(Näherungsformel 3: Vernachlässigung der Abweichung des spezifischen Gewichts vom Boyleschen Gesetz.)

Diese Näherungsformel für den Fehlerfaktor f_p bei Druckschwankungen liefert ziemlich gute Werte und läßt den Fehler ohne Kenntnis der spezifischen Gewichte bequem berechnen. Die Unterschiede gegenüber der genauen Formel sind gering.

Temperaturänderung.

Bei Temperaturschwankungen von t_1 auf t_x ändert sich nur der Wert $\sqrt{\gamma_1}$ in der Formel für G_1, und es wird der Fehlerfaktor in diesem Fall

$$f_t = \frac{G_x}{G_1} = \sqrt{\frac{\gamma_x}{\gamma_1}} \quad \dots \dots \dots \dots \text{20)}$$

Da die spezifischen Gewichte des Dampfes auch nicht annähernd den absoluten Temperaturen T proportional sind, so muß man aus den Tafeln 1 und 2 die spezifischen Gewichte für die Temperaturen t_1 und t_x ermitteln und hieraus den Wurzelwert bilden.

Gleichzeitige Druck- und Temperaturänderung.

Der gesamte Korrekturfaktor f bei gleichzeitiger Druck- und Temperaturänderung ergibt sich dann zu:

$$f = f_p \cdot f_t \quad \dots \dots \dots \dots \text{21)}$$

Ist das Produkt der bei den einzelnen Meßfehlern in Prozent: $(f_p - 1) \cdot 100$ und $(f_t - 1) \cdot 100$ kleiner als 10, so darf man zur Ermittlung des Gesamtfehlers bei Druck- und Temperaturschwankungen auch die Summe setzen, weil man dann das Produkt von zwei kleinen Zahlen vernachlässigen kann. Es ist also in diesem Fall:

$$f = f_p + f_t \quad \dots \dots \dots \dots \text{21 a)}$$

Einige Beispiele zeigen den Gebrauch der Formeln.

Beispiel 1.

Der Dampfdruck sei 12 atü Sattdampf. Er steigt auf 13 atü. Wie groß ist der Anzeigefehler, wenn der Differenzdruck 0,5 at beträgt?

Die genaue Formel ergibt unter Benutzung von Tafel I unter Einführung der Drücke in ata und des Faktors k für Sattdampf = 1,13.

$$f_p = \frac{p_x - \dfrac{a}{k} \cdot D}{p_1 - \dfrac{a}{k} \cdot D} \cdot \frac{p_1}{p_x} \cdot \sqrt{\frac{\gamma_x}{\gamma_1}}$$

$$= \frac{14 - \dfrac{0,77}{1,13} \cdot 0,5}{13 - \dfrac{0,77}{1,13} \cdot 0,5} \cdot \frac{13}{14} \cdot \sqrt{\frac{7}{6,5}}$$

$$= \frac{13,66}{12,66} \cdot \frac{13}{14} \cdot \sqrt{\frac{7}{6,5}}$$

$$= \underline{1,039} \text{ oder } \underline{+3,9\%}.$$

Die Näherungsformel 1 ergibt dagegen:

$$f_p = \sqrt{\frac{\gamma_x}{\gamma_1}} = \frac{7}{6,5} = \underline{1,038} \text{ oder } \underline{+3,8\%}.$$

Die Näherungsformel 2 ergibt:

$$f_p = \sqrt{\frac{p_x}{p_1}} = \sqrt{\frac{14}{13}} = \underline{1,038} \text{ oder } \underline{+3,8\%}$$

und die Näherungsformel 3 ergibt schließlich:

$$f_p = \frac{p_x - \dfrac{a}{k} \cdot D}{p_1 - \dfrac{a}{k} \cdot D} \cdot \sqrt{\frac{p_1}{p_x}} = \frac{13,66}{12,66} \cdot \sqrt{\frac{13}{14}}$$

$$= \underline{1,042} \text{ oder } \underline{+4,2\%}.$$

Beispiel 2.

Dampfdruck 30 atü, 300° C Heißdampf, Temperaturschwankung auf 340° C. Gesucht die Anzeigefehler:

$$f_t = \sqrt{\frac{\gamma_x}{\gamma_1}} = \frac{11,45}{12,45} = \underline{0,962} \text{ oder } \underline{-3,8\%}.$$

Beispiel 3.

Dampfdruck 30 atü steigt auf 32 atü, gleichzeitig steigt die Temperatur von 300 auf 340° C. Differenzdruck = 0,5 atü.

Gesucht die Anzeigefehler.

Der Faktor f_p berechnet sich nach Formel 19 und unter Einführung des Faktors K für Heißdampf $= 1,3$ zu

$$f_p = \frac{33 - \dfrac{0,77}{1,3} \cdot 0,5}{31 - \dfrac{0,77}{1,3} \cdot 0,5} \cdot \frac{31}{33} \cdot \sqrt{\frac{13,35}{12,45}} = 1,035.$$

Der Faktor f_t ist nach Beispiel 2 $f_t = 0,962$. Somit wird der Gesamtfehler

$$f = f_p \cdot f_t = 1,035 \cdot 0,962 = \underline{0,9957} \text{ oder } \underline{-0,43\%}.$$

Die errechneten Zahlen in Beispiel 1 bedeuten, daß man zu der angezeigten Dampfmenge noch 3,9% hinzuzählen muß, bei Beispiel 2 dagegen 3,8% abziehen muß, um die tatsächliche Dampfmenge zu erhalten. In Beispiel 3 ergibt sich fast keine Fehlanzeige. Zeigt der Apparat also 10000 kg Dampf pro h an, so ist die tatsächliche Dampfmenge in den 3 Beispielen:

Beispiel 1: 10390 kg/h,
„ 2: 9620 kg/h,
„ 3: 9957 kg/h.

Im praktischen Betrieb hat man es meistens mit schwankendem Druck und gleichzeitig schwankender Temperatur zu tun. Berechnet man also den Dampfmesser für die mittleren Betriebswerte, so gleichen sich bei schwankendem Betriebsdruck bzw. bei schwankender Temperatur die Meßfehler innerhalb eines bestimmten Zeitabschnittes ziemlich aus, weil bei Anwendung des mittleren Betriebswertes Plus- und Minusfehler in der Anzeige des Instrumentes auftreten, die sich zum Teil aufheben.

7. Sattdampf- oder Heißdampfmessung.

Es herrscht vielfach die Ansicht, daß es unbedingt vorzuziehen sei, den Dampfmesser in die Sattdampfleitung einzubauen, weil dadurch die Meßfehler infolge der Temperaturänderung vermieden werden. Diese Ansicht ist aber nicht in allen Fällen richtig. Sie kann nur da vertreten werden, wo der Druck annähernd konstant gehalten wird, so daß nur Meßfehler infolge der Temperaturänderung auftreten. Dies ist aber seltener der Fall. Meist wird sich in den Heißdampfleitungen der Druck und die Temperatur des Dampfes entsprechend der Feuerführung oder der Dampfentnahme ändern, während bei Sattdampfleitungen nur mit einer Druckänderung zu rechnen ist. Bei der Berechnung der Meßfehler bei gleichzeitiger Druck- und Temperaturänderung ist aber gezeigt worden, daß der Dampfmesser bei steigendem Dampfdruck zu viel und bei steigender Dampftemperatur zu wenig anzeigt. Die beiden Meßfehler heben sich also zum Teil auf, weil Druck und Temperatur fast durchweg gleichzeitig steigen, wenn die Dampfentnahme sinkt und die Feuerführung nicht ermäßigt wird, oder die Feuerung gesteigert wird, ohne daß die Dampfentnahme steigt. Umgekehrt wird bei plötzlicher größerer Dampfentnahme und gleichbleibendem Kesselfeuer die Dampfspannung und die Dampftemperatur sinken, so daß sich auch hier die beiden Meßfehler gegenseitig zum Teil wieder aufheben. Hätte man den Messer nach Beispiel 3 in die Sattdampfleitung eingebaut, so wäre bei einer Druckschwankung von 30 auf 32 atü ein Meßfehler von $+ 3,9\%$ entstanden, während infolge des Einbaues in die Heißdampfleitung, wo gleichzeitig mit dem Druck auch die Temperatur ansteigt, dieser Meßfehler durch die entgegengesetzte Tendenz des Fehlers für die gleichzeitige Temperaturerhöhung nahezu restlos ausgeglichen wurde. Es ist also in diesem Falle besser, den Messer in die Heißdampfleitung einzubauen statt in die Sattdampfleitung. Daher ist von Fall zu Fall zu untersuchen, welcher Einbau zweckmäßiger ist. In vielen Fällen wird sich zeigen, daß beim Einbau in die Heißdampfleitung infolge der längeren geraden Rohrstrecken auch ein besserer Einbau des Staugeräts möglich ist.

8. Übersicht der hauptsächlichsten Formeln.

Bei Benutzung der nachstehenden Formeln sind einzuführen:

Die Drücke p_1, p_x usw. in ata (Atm. absolut),
die Querschnitte F_1, F_2 usw. in cm²,
die Differenzdrücke D in Atmosphären, kg/cm²,
die spez. Gewichte in kg/m³.

In den Formeln für die Reynolds'schen Zahlen ist zu setzen:

Die Geschwindigkeit w in m/s,
die Durchmesser d, d_2 usw. in m,
der Zähigkeitsmodul ν in m²/s,
die Indizes 1 beziehen sich auf den Plusanschluß des Staugeräts,
die Indizes 2 auf den Minusanschluß, d. h. den engsten Querschnitt der Mündung.

A. Berechnung der Dampfmenge.

1. Hauptgleichung zur genauen Berechnung der Dampfmenge. Formel 7, S. 25. Allgemein gültig für

$$\frac{D}{p_1} = 0{,}01 - 0{,}20$$

$$G \text{ kg/h} = 159{,}5 \cdot \mu \cdot \varepsilon \cdot F_2 \cdot \left(1 - \frac{a}{k} \cdot \frac{D}{p_1}\right) \cdot \sqrt{D \cdot \gamma_1}$$

Hierin $1 - \dfrac{a}{k} \cdot \dfrac{D}{p_1} = \psi$

2. Theoretische Dampfmenge. Formel 8, S. 25. (Gültigkeitsbereich
wie 1.)
$$G_0 \text{ kg/h} = 159{,}5 \cdot \varepsilon \cdot \psi \cdot F_2 \cdot \sqrt{D \cdot \gamma_1}$$

3. Berechnung der Dampfmenge bei Überschlagsrechnungen. Formel 9, S. 26. (Gültigkeitsbereich wie 1.)
$$G \text{ kg/h} = 159{,}5 \cdot K \cdot F_1 \cdot \psi \cdot \sqrt{D \cdot \gamma_1}$$

4. Vereinfachte Hauptgleichung zur Berechnung der Dampfmenge. Formel 11, S. 28; $\psi = 1$ gültig für $p_2 : p_1 \gtrless 0{,}98$.
$$G \text{ kg/h} = 159{,}5 \cdot \mu \cdot \varepsilon \cdot F_2 \cdot \sqrt{D \cdot \gamma_1}$$

5. Vereinfachte Formel für Überschlagsrechnungen. Formel 12, S. 28; $\psi = 1$ gültig für $p_2 : p_1 \gtrless 0{,}98$.
$$G \text{ kg/h} = 159{,}5 \cdot K \cdot F_1 \cdot \sqrt{D \cdot \gamma_1}$$

B. Berechnung der Faktoren ε, μ, ψ und K.

6. Hauptgleichungen für den Faktor ε der Einlaufgeschwindigkeit.

a) Bei nicht zusammendrückbaren Medien. Formel 4, S. 22. Hierzu Diagramm Abb. 6, S. 23.
$$\varepsilon = \frac{1}{\sqrt{1 - \left(\dfrac{F_2}{F_1}\right)^2}}$$

b) Bei zusammendrückbaren Medien. Formel 5 S. 22.
$$\varepsilon' = \frac{1}{\sqrt{1 - \left(\dfrac{F_2}{F_1}\right)^2 \cdot \left(\dfrac{p_2}{p_1}\right)^{\frac{2}{k}}}}$$

Wird bei zusammendrückbaren Medien nicht die gemaue Formel 5, sondern die Formel 4 benutzt, so entsteht ein Minusfehler, der sich in Prozent aus der auf Seite 24 aufgeführten Tabelle ergibt.

7. **Grundgleichung für den Durchflußkoeffizienten** μ. Formel 3, S. 19.

$$\mu = \frac{G}{G_0}$$

8. **Hauptgleichung für den thermodynamischen Faktoir** ψ. Formel 2, S. 19, und Diagramm Abb. 9 und 10, S. 27.

$$\psi = 1 - \frac{a}{k} \cdot \frac{D}{p_1}$$

9. **Diagramme für den Hilfsfaktor** K. Abb. 7 und 8. Si. 26.

$$K = \mu \cdot \varepsilon \cdot \left(\frac{d_2}{d_1}\right)^2$$

C. Gleichungen für die Anwendung der Ähnlichkeitsgesetze.

10. **Grundformel für die Reynolds'sche Zahl.**

Formel 14. S. 39:   Formel 15, S. 39:

$$R = \frac{w \cdot d}{\nu} \qquad\qquad \nu = \frac{\eta \cdot g}{\gamma}$$

11. **Reynolds'sche Zahl für Wasser, bezogen auf die Betriœbswerte des Staugeräts.** Formel 16, S. 42.

$$R_w = \frac{\mu \cdot \varepsilon \cdot 443 \cdot \sqrt{\dfrac{D}{1000}} \cdot d_2}{\nu \cdot 10^{-6}}$$

Hierin $\nu \cdot 10^{-6} = 1{,}1 \cdot 10^{-6}$ für Wasser von 15^0 C.

12. **Reynolds'sche Zahl** R_d **für Dampf, bezogen auf die Betriebswerte des Staugeräts.** Formel 17, S. 42.

$$R_D = \frac{\mu \cdot \varepsilon \cdot 443 \cdot \sqrt{\dfrac{D}{\gamma_1}} \cdot d_2}{\nu \cdot 10^{-6}\left(1 - \dfrac{D}{p_1}\right)}$$

Hierin $\nu \cdot 10^{-6}$ mit den Zahlenwerten von ν für Dampf mach Abb. 24.

13. Verhältniszahl C zwischen R_D und R_W. Formel 18, S. 43.

$$C = \frac{R_D}{R_W} = \sqrt{\frac{1000}{\gamma_1} \cdot \frac{1,11}{v} \cdot \frac{1}{1 - \dfrac{D}{p_1}}}$$

Hierin Zahlenwerte von v wie bei 12; Werte von C für Satt-dampf nach Abb. 24.

D. Gleichungen für die Berichtigung der Dampfmengen bei Änderung des Betriebszustandes.

14. Berichtigungsfaktor bei Druckänderung. Formel 19, S. 49.

$$f_v = \frac{p_x - \dfrac{a}{k} \cdot D}{p_1 - \dfrac{a}{k} \cdot D} \cdot \frac{p_1}{p_x} \cdot \sqrt{\frac{\gamma_x}{\gamma_1}}$$

Hierzu Näherungsformel 19a, 19b, 19c.

15. Berichtigungsfaktor bei Temperaturänderung. Formel 20, S. 51.

$$f_t = \frac{G_x}{G_1} = \sqrt{\frac{\gamma_x}{\gamma_1}}$$

16. Berichtigungsfaktor bei gleichzeitiger Druck- und Temperaturänderung. Formel 21, S. 51.

$$f = f_v \cdot f_t$$

Hierzu Näherungsgleichung 21a.

9. Anhang.

Ableitung einer Formel für das Verhältnis $\dfrac{p_1}{p_0}$.

Bei geringen Druckgefällen, wie sie bei dem Strömungszustand in einer Rohrleitung vorkommen, wenn die Geschwindigkeit von der Größe 0 auf die Geschwindigkeit w_1 anwächst, sind die Abweichungen der Adiabate von der Isotherme sehr gering, so daß man für adiabatische Strömungen auch die Gleichungen für isothermische Strömungen ein-führen kann. Bei der Isotherme gilt für zwei beliebige Querschnitte der Rohrleitung F_1 und F_2 mit den Geschwindigkeiten w_1 und w_2 und den absoluten Drücken p_1 und p_2 die Beziehung:

$$\frac{w_2{}^2 - w_1{}^2}{2g} = \frac{p_1 \cdot 10000}{\gamma_1} \cdot \ln \frac{p_1}{p_2}$$

Überträgt man diese Beziehung auf die Einlaufgeschwindigkeit, und zwar auf die Geschwindigkeit $w_1 = 0$ und $w_2 = w_1$ mit den entsprechenden statischen Drücken p_0 und p_1 und dem spezifischen Gewicht γ_0 und γ_1, so erhält man:

$$\frac{w_1^2}{2g} = \frac{p_0 \cdot 10000}{\gamma_0} \cdot \ln \frac{p_0}{p_1}$$

$$= -\frac{p_0 \cdot 10000}{\gamma_0} \cdot \ln \frac{p_1}{p_0}$$

Da p_0 nur wenig größer ist als p_1, so kann man für $\frac{p_1}{p_0}$ den Wert $(1 - x)$ setzen, worin x eine sehr kleine Größe darstellt. Dann wird:

$$\ln \frac{p_1}{p_0} = \ln (1 - x) = -\frac{w_1^2}{2g} \cdot \frac{\gamma_0}{10000 \cdot p_0}$$

$$= -x - \frac{x^2}{2} - \frac{x^3}{3} - \text{usw.}$$

oder unter Vernachlässigung der Glieder mit den Potenzen

$$= -x$$

$$= -\left(1 - \frac{p_1}{p_0}\right) = \text{usw.}$$

$$= -\left(1 - \frac{p_1}{p_0}\right) = \frac{p_1}{p_0} - 1 = -\frac{w_1^2}{2g} \cdot \frac{\gamma_0}{10000 \cdot p_0}$$

Da nun bei der Isotherme $\frac{\gamma_0}{p_0} = \frac{\gamma_1}{p_1}$ ist, folgt schließlich die einfache Beziehung:

$$\frac{p_1}{p_0} = 1 - \frac{w_1^2}{2g} \cdot \frac{\gamma_1}{10000 \cdot p_1}$$

Feuerungstechnische Rechentafel. Von Dipl.-Ing. Rud. Michel. 4. Aufl. 1 Tafel mit 8 Seiten Erläuterung. 4°. 1925. M. 2.50.

Wärme und Wärmewirtschaft der Kraft- und Feuerungsanlagen. Mit besonderer Berücksichtigung der Eisen-, Papier- und chemischen Industrie. Von Prof. W. Tafel. 376 S., 123 Abb. Gr.-8°. 1924. Brosch. M. 8.50; geb. M. 10.—.

Wärmetechnische Berechnung der Feuerungs- und Dampfkesselanlagen. Taschenbuch mit den wichtigsten Grundlagen, Formeln, Erfahrungswerten und Erläuterungen für Büro, Betrieb und Studium. Von Ing. Friedrich Nuber. 4. Aufl. 125 S., 10 Abb. Kl.-8°. 1927. In Leinen M. 4.20.

Dampfkesselbetriebsbuch. Für die Praxis zusammengestellt von Dipl.-Ing. Rud. Michel. 105 S. 4°. 1927. In Leinen M. 8.—.
Die Gliederung des Dampfkesselbetriebsbuches: I. Beschreibung der Dampfkesselanlage. II. Verdampfungsversuch. III. Wärmebilanz. IV. Betriebsbuch. V. Feuerungsrückstände. VI. Wärmebilanz im Monatsdurchschnitt. VII. Kohlenbuch. VIII. Materialienverbrauchsbuch. IX. Kraftverbrauchsbuch. X. Zusammenstellung der Betriebskosten des Monats (die Tabellen 4 bis 10 für jeden Monat eines Jahres). XI. Gesamtunkostenaufstellung. XII. Zusammenstellung der Gesamtunkosten. XIII. Jahresübersicht.

Die Heizerausbildung. Buchausgabe der Unterrichtsblätter für Heizerschulen von Reg.-Obering. H. Spitznas. 2. Aufl. 1924. 271 S., 59 Abb., 8 Tabellen, 2 Schaubildtaf. Gr.-8°. Br. M. 4.50; geb. M. 5.50.

Anleitung zu genauen technischen Temperaturmessungen mit Flüssigkeits- und elektrischen Thermometern. Von Prof. Dr. O. Knoblauch und Dr.-Ing. K. Hencky. 2., völlig neu bearb. Aufl. 190 S., 74 Abb. Gr.-8°. 1926. Brosch. M. 8.20; geb. M. 11.—.

Elektrische Temperaturmeßgeräte. Von Dr.-Ing. G. Keinath. 284 S., 219 Abb. Gr.-8°. 1923. Brosch. M. 9.20; geb. M. 11.—.

Die Kondensatwirtschaft bei Dampfkraft-Landanlagen als Grenzgebiet der Wärmetechnik. Von Dr.-Ing. Hans Balcke. 230 S., 135 Abb., 1 Tafel. 8°. 1927. Brosch. M. 10.—; in Leinen geb. M. 11.50.

R. OLDENBOURG · MÜNCHEN UND BERLIN

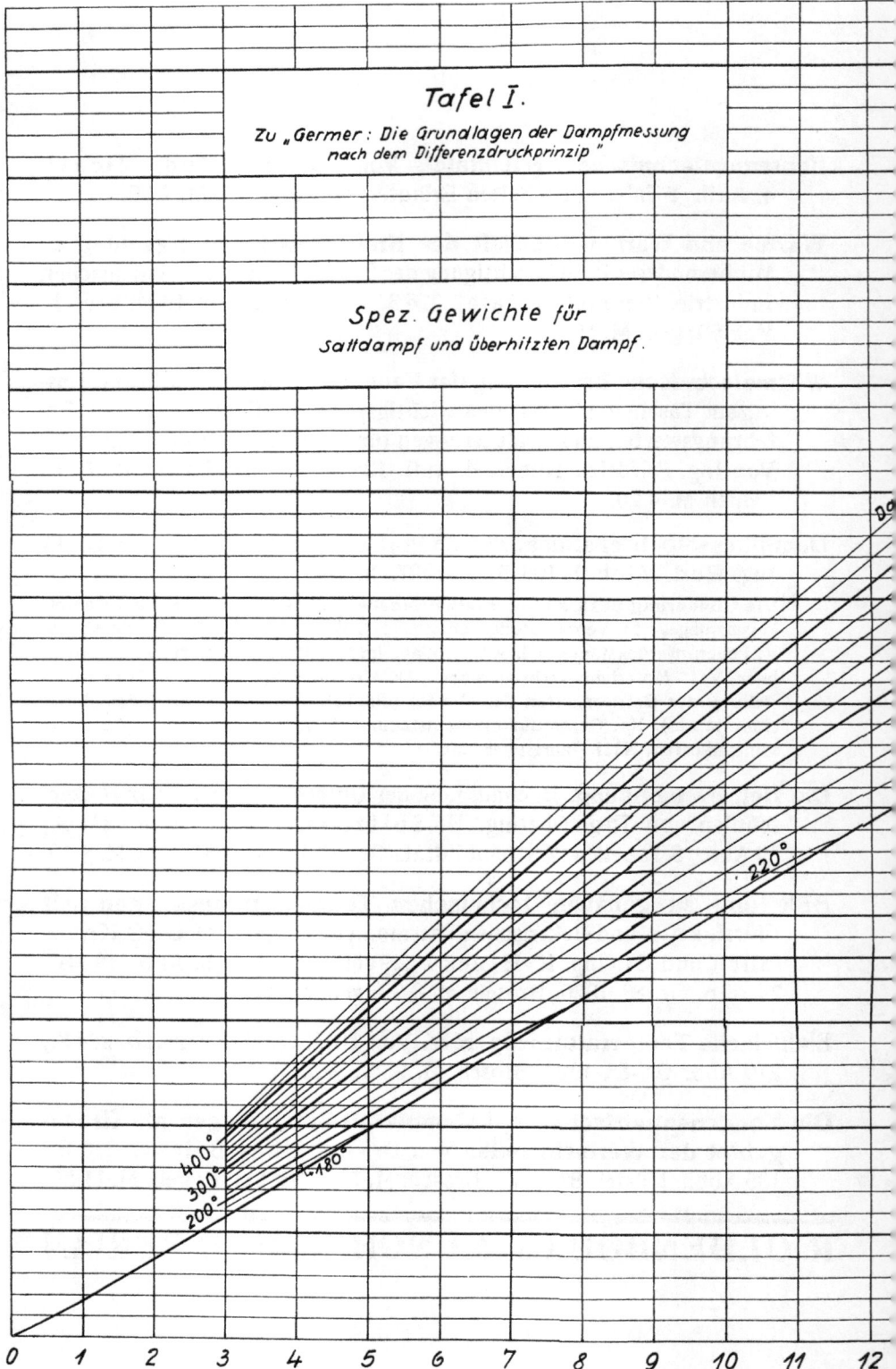

Tafel I.

Zu „Germer: Die Grundlagen der Dampfmessung nach dem Differenzdruckprinzip"

Spez. Gewichte für
Saltdampf und überhitzten Dampf.

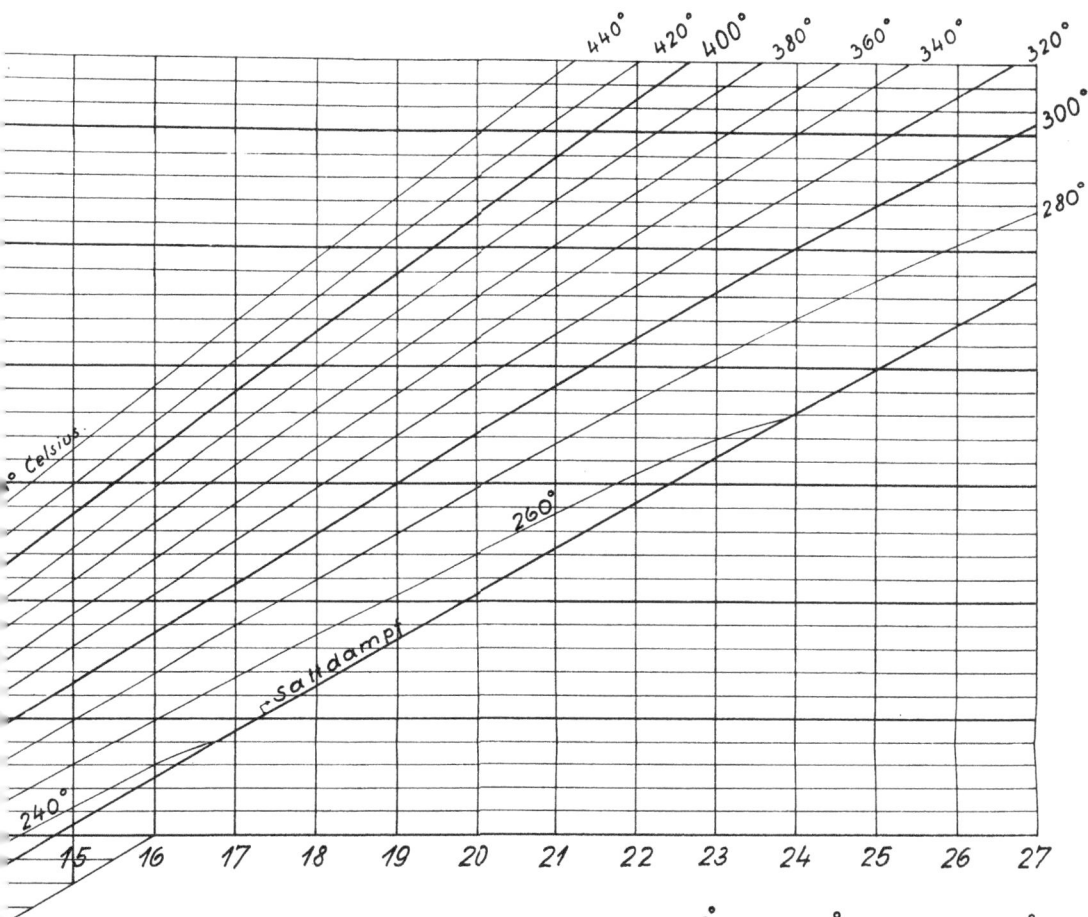

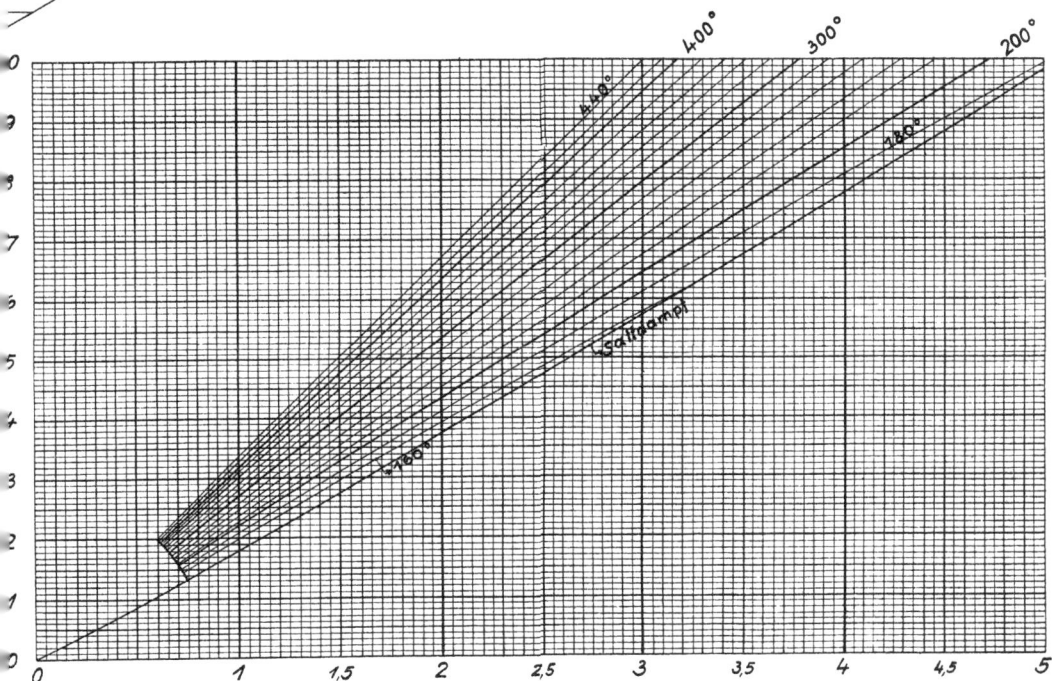

Verlag von R. Oldenbourg, München und Berlin.

www.ingramcontent.com/pod-product-compliance
Lightning Source LLC
Chambersburg PA
CBHW031453180326
41458CB00002B/751